U0044464

思想觀念的帶動者

文化現象的觀察者

本土經驗的整理者

生命故事的關懷者

心靈工坊 PsyGarden

GrowUp

愛的開顯就是恩典，
心的照顧就是成長；
親子攜手，同向生命的高處仰望，
愛必泉湧，心必富饒。

給媽媽的貼心書

孩子、家庭和外面的世界

The Child, the Family and the Outside World

著⊙唐諾·溫尼考特(Donald W. Winnicott)
譯⊙朱恩伶　審閱、專文推薦⊙王浩威

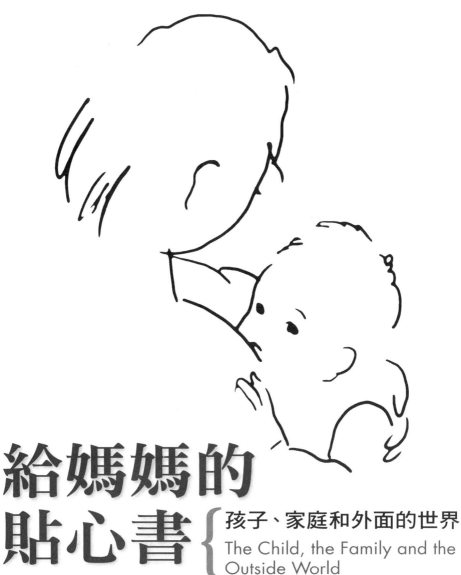

目次

第二部　家庭

第三部　外面的世界

本書的內容主要是根據我在英國國家廣播公司的系列演講集結而成。我要向製作人愛沙・班奇（Iza Benzie）小姐表達謝意，並向幫我爲讀者（相對於聽衆）準備出版文稿的珍妮特・哈登柏格（Janet Hardenberg）醫師致謝。

——唐諾・溫尼考特

推薦序

一位與媽媽談心的兒童心理大師

一位當年的個案，結婚後有了自己的小孩，刻意來醫院的門診掛號。還是襁褓階段呢。我看著沉睡在母親懷裡的小寶寶，與初為人母的昔日個案，眼前這兩個不可分離的生命，令我不禁莫名的感動。

醫院的冷氣空調強勁有力，隔間也好多了，還有陽光從毛玻璃外的尤加利樹間隙照進來。這位十多年前的個案，笑著說這間老醫院的新裝潢。她的心智是同時兩線進行的。一方面是和我交流的，想以失眠為理由來掛號，好告訴我她的近況，而這是有意思的。

我和她的治療是開始於花蓮的醫院。當時，她還是一位困惑著自己女性特質的高中生。後來隨著她上大學，我回台北，我們的相遇也改到現在的這幢大樓中。這次她說只是想看看失眠而已。我想，她更想讓我看看的，是她擁有生出嬰兒的能力吧。關於這點，她既是驕傲的，也是想分享的——與她生命中的重要他人。

究竟是什麼力量讓一位女孩變成母親？如果，像我這樣，有機會參與到同一個人的前後兩個階段，必然會驚訝其中的差別，進而好奇這其中的力量。

這位老朋友一般的個案，是透過她的失眠，而有理由帶她三、四個月大的寶寶來醫院，冒著一般母親會憂心的感染問題，爲的是要讓我看到當年沒看到的她。這是三人相會的原因之一。

另一個理由，恐怕出自當年還在花蓮的精神科診間吧。那一段時間我幾乎是花東地區唯一的兒童青少年精神科醫師（原本是整個大東部，後來王怡靜醫師去了省立宜蘭醫院）。當時偶爾會出現這樣的畫面：從別的醫院轉介來門診的年輕父母，要我幫他們的新生兒做進一步的鑑定。

通常這時候，也許是專業上的心虛吧，我總是優先處理小小孩。在衆多成人個案面前笨手笨腳的一陣慌亂，許多家屬又原本就是有經驗的母親，所以這時的七嘴八舌，成了我最好的諮詢顧問團。至於那些青少年或成人個案，總因此被耽擱至少半小時以上。

也許這就是另一個潛意識的理由吧，這位當年的個案，不只是想告訴我她當了媽媽，而且也是告訴我她有了寶貝小孩，有了當年所沒有的優先特權。

不論如何，她和寶寶的到臨，提醒了我自己的在精神科醫師生涯裡，曾有過這樣的一段歲月，需要看蹣跚學步或是在診間亂跑的小孩個案。當時，這對甫離開台大醫院龐大的精神科部門，初抵花蓮獨自行醫的我，確實是一大驚嚇，也是當初完全沒有想到的。

那時，我立刻的反應就是將溫尼考特這位兒童心理大師的書拿出來。在住院醫師訓練時期，曾經跟幾個同樣喜歡心理治療的同儕，在當時資訊匱乏的環境，不知不覺地找到由克萊恩（Melanie Klein）所帶領的英國客體關係理論。在這知識體系中，基於某些當時不明白的理由，我找到了溫尼考特。只是在最初的時刻，我讀溫尼考特的心理著作是爲了成人個案。

在花蓮，當我面對嬰兒、兒童或青少年個案時，溫尼考特也成爲我專業學理的重要來源，而他對我的重要性已經不只是爲了了解成人。當時，我最先看的就是《給媽媽的貼心書：孩子、家庭和外面的世界》。這是四〇年代後半，二次大戰結束前，溫尼考特在英國國家廣播公司展開的系列演講。剛開始是因爲他在各地的戰爭孤兒院或避難學校巡迴督導，所以談了許多這些與小孩相關的問題；後來，戰爭結束，軍人回來了，家庭重聚或重組了，嬰兒潮也開始了，他的廣播就開始針對媽媽們。

溫尼考特的言談或專業也好，有一項是其他兒童專家所不及的，那就是他兼具小兒科醫師和心理治療師的雙重身分。終其一生，即便是擔任英國精神分析學會會長的在位期間，溫尼考特還是繼續他的小兒科門診。有人說他一生看了六十萬對母子，這也許有點誇張，但大概也相差不遠的。

因爲溫尼考特和小孩、母親及相關家人是如此密切地接觸，他很自然地將焦點也分散在母親等人的身上，而不像佛洛伊德幾乎是不容易離開嬰兒的。甚至，對溫尼考特來說，雖然他說的是母子二元一體的現象，但有時，恐怕母親比嬰兒還重要。

溫尼考特在討論嬰兒時，他的關心反而落在母親身上。這一點也是市面上的親子書幾乎不曾見的。這些年來，台灣引進許多討論嬰兒發展的書，特別是供父母參考用的，但這些書大多是以科學的討論（嬰兒發展的相關知識）爲重，或是一些 Know-how 的母親指導手册，而不是將嬰兒放在他的環境裡整體來看。這環境也許是媽媽的雙手或乳房，也許是圍繞他的棉被或玩具。而且，這些書更沒有一本是針對母親的心情世界來描述的。

對溫尼考特而言，所謂的母親既是十分關注著自己的嬰兒，但也是十分意識到自己的：新的感覺、新的變化，甚至是矛盾的心情等等。

溫尼考特這樣的關注，讓這一本《給媽媽的貼心書：孩子、家庭和外面的世界》成爲英國母親們人手一冊的育兒經典；就像在美國班傑明・史巴克醫師[1]（Benjamin Spock）的《育兒寶典》（*The Common Sense Book of Baby and Child Care*）。只是，他不像史巴克，溫尼考特不談技巧、方法和科學知識，他僅僅是和媽媽們眞正的談心。

成爲母親，原本就是十分神奇的一件事，然而溫尼考特最能夠十分神奇地掌握這感覺，也是最貼心地重視這件事的了。

王浩威醫師

二〇〇九年七月

註

1 班傑明・史巴克醫師（1903～1998）為了解嬰幼兒的需求與家庭心理動力學，成為美國首位研究精神分析的小兒科醫師。他在一九四六年出版的著作《育兒寶典》，是美國二戰後的育兒聖經，半世紀來在全球暢銷五千萬本，共有三十九種語文譯本，對美國與全球的育兒觀念影響甚鉅。

推薦序

細細品味與孩子同在的時光

二十多年前，我接受小兒科醫師訓練後，在偶然間讀到唐諾‧溫尼考特的著作。當時我跟約翰‧柯尼爾（John Kennell）[1]正在研究正常父母跟新生兒建立親情的過程。我們從研究和臨床觀察辛苦學到的心得，在溫尼考特的作品裡，找到最最貼切的解釋。雖然我們也應該研究母親早早且長久與小嬰兒接觸的長短期影響，但可惜我們並沒有一開始就認眞思考溫尼考特提出來的這項理論。他強調：「早點兒跟小嬰兒接觸，可以讓母親安心，曉得小寶寶是正常的。母親多半都很擔心會生下畸形兒，因此很難相信自己竟然生得出如此完美的小生命，所以我們有必要讓她安心。」此外，他也提到，在襁褓初期，母親並沒有完全和小嬰兒分開。這或多或少可以解釋，爲什麼許多女人在小寶寶的生命初期都不願意離開家裡。

唐諾‧溫尼考特在英國戰前樂觀又充滿希望的年代長大。他對人類修正自己向前進步成長的能力，始終懷抱著無比的信心。他在派丁頓・格林（Paddington Green）兒童醫院行醫，起初擔任小兒科醫師，同時進行精神分析研究。三〇年代中期，他取得精神分析師的資格，後來還兩度當選英國精神分析學會的主席。他一直留在派丁頓・格林兒童醫院服務，掌管自己的部門，並在門診工作了四十年。他對小兒科的興趣，從一九三一年出版的《童年疾病的臨床記錄》（*Clinical Notes on Disorders of Childhood*）可見一斑。

《給媽媽的貼心書：小孩、家庭和外面的世界》的內容，多半出自英國國家廣播公司（BBC）的一系列談話節目。這本書在一九六四年首度問世，很快就成爲英國父母的重要育兒指南，重要性就如同班傑明・史巴克醫師的《育兒寶典》之於美國父母一般。

比較美國的班傑明・史巴克跟英國的唐諾・溫尼考特的行醫生涯間的異同，是件十分有趣的事。兩人起初都是小兒科醫師，也都接受精神分析訓練，可是他們的貢獻和日常工作，卻各自走上不同的方向。班傑明・史巴克是一位十分出色的小兒科醫師，他了解行爲的錯綜複雜，同時針對這個主題進行教學與寫作。而唐諾・溫尼考特的臨床工作幾乎完全奉獻給兒童精神醫學，他的寫作則專注在兒童與家庭的心理動力學上。

乍看之下，溫尼考特的作品似乎淺顯易懂，仔細思索他的比喻卻又意味深長，而且十分實用。譬如，他在〈小寶寶是個蓬勃發展的小生命〉中寫到：「有些孩子即使在襁褓初期，父母都不許他們安安靜靜的躺著。」他觀察到，有些父母過度緊張，經常故意戳一下沉睡中的小嬰兒，好確認他還活著，因為這些父母以為他們必須為小嬰兒的生命力負責。溫尼考特指出，其實每個小寶寶都是一個蓬勃發展的小生命，有維持生命所需的活力促使他活下去。成長與發育本來就是小嬰孩與生俱來的動力，會用「我們不必明白」的方式繼續下去。他把小嬰兒比喻為窗口花壇裡的球莖植物，你不必揠苗助長，只要供應肥沃的土壤和適量的水分與充足的陽光，球莖自然就會開花，變成漂亮的黃水仙。他強調，把小嬰兒當作黏土來塑造是錯誤的，因為這樣一來，你就以為你必須為結果負責。他表示，「如果妳可以接受『小寶寶是個蓬勃發展的小生命』這個想法，妳就可以一面回應他的需求，又一面從容自在的站在一旁欣賞小寶寶的發育，並從中得到樂趣。」

在我所讀過的研究當中，以溫尼考特這本書最早觀察到新生兒伸手抓取物品的能力（如今稱為「自發的肢體運動」〔liberated motor activity〕）。他在〈認識妳的小寶寶〉寫到：「從他出生那天起，每次餵奶後，聰明體貼的護理長都會把他放進搖籃，推到母親的床邊。他在安靜的房裡清醒的躺一會兒；母親把手伸向還不到一週大的他，他會抓住她的手指頭，並朝她的方向望過來。」三十年後，兩位法國醫師克勞汀・愛彌爾蒂森（Claudine Amiel-Tison）與亞伯特・格林諾（Albert Grenier）用實例示範，百分之五十的正常法國嬰兒，襁褓初期在安逸舒適又靈敏的狀態下，只要有人托著他們的脖子，他們就有辦法伸手抓東西。過去，一般都認爲，小嬰兒要長到四、五個月大才會抓東西。我覺得溫尼考特這項觀察十分有意思，但我也是到最近看過愛彌爾蒂森教授的示範後，才確認了這一點。

值得細品的育兒書

我在閱讀這本豐富有趣的著作時發現，一次細細品嘗一章，更能夠好好思索溫尼考特的作品所啓發的許多想法。升格做祖父後，我更希望當年養育小孩時，就能夠早點認識溫尼考特的獨到見解。

對我來說，本書最引人入勝的是〈一步一步認識這個世界〉。溫尼考特一開始就說了，健康的成年人對世界同時擁有一種眞實感，以及一種出自想像的私密理解。他接著問：「我們就是這樣長大的嗎？」並且親自回答了這個問題，他認為不是的，「而是一開始，每個人都有個母親，而且她還一步一步的介紹我們認識這個世界。」然後他又解釋：「對一個剛剛學會走路的寶寶來說，每種感覺都是十分強烈的。成年人只有在特殊時刻，才能達到幼年時所擁有的美妙強烈感受，任何可以幫助我們達到這種境界，但又不會嚇到我們的事情都是受歡迎的。」小孩子同時活在兩個世界裡：一個是大人跟小孩分享的世界；另一個則是小孩自己的想像世界。因此，「面對這種年齡層的小孩時，我們並不會堅持，一定要他們對外面的世界有個精確的認知……如果一個小女孩想要飛翔，我們不會告訴她：『小孩子不會飛。』相反的，我們會將她抱起來，扛在頭頂上飛來飛去……」他強調，千萬不要壓抑幼兒的想像力，這一點是十分重要的。他還說：「這個真實世界可以給我們的很多，但是我們接受它的時候，可千萬別喪失個人內心世界的或個人想像的真實感才好。」這一點當然會對目前的兩歲、三歲及四歲幼兒教育課程提出許多質疑。企圖訓練、教導幼兒什麼是「真實的世界」，或是把他們塑造成小小科學家的作法，很可能會摧毀了他們最初的想像世界。教育必須給孩子一個自由的環境，讓他們敞開心靈，同時又不要扼殺他們幻想或「享受強烈感覺的能力」。

〈去醫院探視孩子〉是本書中少數看得出年代的一章，因爲目前這個領域已經有長足進展。這本書寫作的年代差不多就是醫院剛剛允許父母自由探視住院病童的時候。五〇年代中期以前，醫院只准父母每週探視病童半小時。如今回想起來，溫尼考特顯然十分關心父母去醫院探病的問題。他徹底了解孩子與父母的需求，所以敦促醫院重新修改規定。「我把真實的難處指出來，」他寫道：「因為我認為去醫院探病十分重要。」

溫尼考特對於父親的看法，也與當今的流行觀點大不相同。在他看來，父親是母親的保護者與照顧者。他保護母親，好讓她跟小嬰兒發展緊密的關係：「家裡需要父親來照顧母親，使她身體安康，心靈快樂。」這跟我們在許多現代婚姻當中看到的角色相當不同，現代父母多半努力平均分擔教養責任。儘管有這樣的歧異，溫尼考特認爲父親如何「大大充實了孩子的世界」的看法（〈父親該做什麼?〉），如今聽來依然中肯。我們越來越明白，對成長中的小嬰兒來說，父母的角色雖然各異，卻同等重要。

讀者如果細細品讀這本書，將會發現，溫尼考特擁有極爲特殊的想像力，可以設身處地爲母親設想。他對母親的經驗或感受是如此感同身受，所以可以替這些感覺代言。他的話不但有幫助、容易明白，而且十分令人安心。他的作法充滿尊重與欣賞的態度。他體諒父母難免有犯錯、進步、退步的時候，也接受他們的人性面。他讓父母曉得，人人都會犯錯，也可以彌補錯誤。他從不訂下法則與規定。他從一開始就強調，他不打算告訴任何人該怎麼做，相反的，他對母親與嬰孩分享的經驗，提出珍貴的看法與洞見，再用深入的討論與詳盡的說明來強化經驗，讓父母從一個迷人的角度，來看待自己跟嬰兒的角色。他從不過度干涉父母，免得糟蹋、影響或改變他們自然而然產生的感覺。他只做必要的解釋，好讓父母充分享受生命中的特殊時刻，如果他們做得到的話。

最後，我發現在這些針對母親的談話中，最教人喜歡的是，溫尼考特熱誠樂觀的語氣，他對母親的天賦才能的欣賞，以及他發現父母真的可以從扶養下一代當中得到樂趣。下面這段話是整本書中我最喜愛的一段：

> 好啦，現在妳孤注一擲了，妳打算怎麼辦呢？嗯，好好享受吧！享受被人當寶，讓別人去照料這個世界吧，妳只要專心孕育下一代就好。好好享受縮進自己的世界，甚至是愛上自己，愛上妳的心肝寶貝。享受丈夫對你們母子的幸福責無旁貸的體認，享受發現自己

不斷的變化，享受前所未有的特權，做妳覺得舒服的事……為了妳自己，好好享受這一切吧。不過，妳從照顧小寶寶的這些骯髒苦差事當中所得到的樂趣，從寶寶的眼光看來，恰好是十分重要的……小寶寶把柔軟的衣服和溫度剛好的洗澡水等等視為理所當然，可以是理所當然但有時卻沒法做到的是，母親為小寶寶穿衣洗澡的樂趣。可是如果妳享受這一切，對小寶寶來說，就彷彿是和煦的陽光出來了。

馬修爾・H・克勞斯醫師

一九八七年一月

譯註

1 約翰・柯尼爾醫師與本篇推薦序作者馬修爾・克勞斯醫師，是美國生產保健界的先鋒，兩人針對新生兒與母親所做的親情連結研究，在美國醫學界引起革命性的改革：促使醫院准許親人全天候探視早產兒與生病的嬰兒，以及母嬰同室等等。他們的研究更進一步倡導親人陪產的自然生產作法，結果縮短了四分之一的分娩時程，減少一半的剖腹生產率，大大改善母親的心理健康，也讓母親可以親自照料新生兒，影響所及遍布全球。兩人都是大名鼎鼎的小兒科醫師，也曾是凱斯西儲大學（Case Western Reserve University）醫學院同事。過去半世紀以來，他們的著述影響了無數的醫學院學生，更是新生兒與家庭的代言人，退休後依然活躍，獲獎無數。

作者序

信賴妳的本能

我想我需要寫一篇序文。這本書寫母親與寶寶、寫父母與子女，到最後則跟孩子進入學校以及大千世界有關。我的寫法跟著成長中的孩子一起轉變，從育兒階段的親密關係，變成長大後比較獨立超然的關係。我希望寫法上的轉變，可以符合這些關係的親疏遠近變化。

最初幾章，我雖然直接跟母親說些體己話，但我絕不是要年輕的母親一定得從書本中學習如何照顧小孩，她對自己的狀況已經很有自覺了。她需要保護，也需要資訊，還需要醫學所能提供的最好的身體照護。她需要熟識且信得過的醫師和護士，還需要丈夫的摯愛以及滿足的性經驗。不過，她並不需要別人在事前就告訴她，當母親是什麼滋味。

我認爲，做母親最好是渾然天成，完全仰賴自己。這是我的主要見解。渾然天成與後天的學習是有差別的，我努力區分這些差別，以免糟蹋自然發生的好事。

但是我想，直接告訴父母還是可以的，因爲人人都想知道，襁褓初期究竟是怎麼回事，而且這種寫法總比用抽象概念寫母親與寶寶來得生動有趣。

人人都想知道也應該知道，生命之初究竟是怎麼回事，這是天經地義的。我們可以說，假如兒童長大以後也爲人父母，卻不曉得也不感激自己的母親一開始爲他們付出了多少，那麼這個社會一定有問題。

我之所以這麼說，並不是認爲孩子應該感激父母孕育他們，甚至感謝父母合作建立家庭、管理家事。我關心的是，生產前以及生產後最初幾週，甚至幾個月內，母親跟小寶寶之間的關係。我想請大家注意的是，平凡的好母親在丈夫的協助下，只是**為她的小嬰兒全然付出**，就對個人和社會產生了偉大的貢獻。

慈母的貢獻不正是因爲太偉大了，反而受到低估嗎？如果我們承認這項貢獻，那麼我們就可以說，在這個世界上，只要你覺得自己還是個人，也看重這個世界，那麼每個神智健全的人、快樂的人，都虧欠一個女人一份天大的恩情，因爲在襁褓之初，我們甚至對依賴都還毫無概念的時候，就已經絕對的依賴母親了。

我得再次強調，我們對母親角色會如此肯定，既不是因爲感激，也不是讚美，而是想要減少內心的恐懼。如果社會不能及時充分認可，每個人發育之初依賴母親的這項歷史事實，內心的恐懼就會產生阻礙，徹底妨礙我們的健康。如果我們對母親的角色沒有眞正的認知，就會對依賴產生模糊的恐懼。這項恐懼有時會變成對所有女人的恐懼，或是對一個特定女人的恐懼，有時則會化爲一種比較不容易辨認的形式，但總是涵蓋了對支配的恐懼。

可惜，對支配的恐懼並不會帶領衆人避開被支配；相反的，這份恐懼將他們帶往某個特定的或選擇性的支配。沒錯，假如我們研究獨裁者的心理，就會發現，除了其他因素之外，在他個人的奮鬥裡，他努力想控制潛意識裡那個令他恐懼的女人的支配，想要藉由接管她、代理她來控制她，並反過來要求她完全的臣服與「愛」。

許多研究社會史的學者都認爲，對女人的恐懼，正是造成人類群體看似不合邏輯行爲的一個強大因素，但人們卻很少對此追根究柢。然而，當我們眞的對每個人的過往追根究柢，我們才曉得，對女人的這項恐懼，原來是不敢承認依賴的事實，也就是不敢承認襁褓之初對母親的最初依賴。因此，我們有極好的社會理由，可以去研究嬰兒與母親的最初關係。

目前，母親在新生兒最初的生活中所具有的舉足輕重地位，常常遭到否定；不僅如此，他們還說，最初幾個月，小嬰兒需要的只是身體的照護技巧，一個優秀的護士就可以做得跟母親一樣好。我們甚至發現，有人告訴母親，她們必須爲孩子**克盡母職**，這其實是對母親最極端的否定，否定母親天生就會「善盡母職」（希望我國不會如此）。

大力鼓吹整齊清潔、提供衛生指示、提倡身體健康，這一類的事情總是一再介入母親與寶寶之間，母親們是不太可能一起站出來，對這些干擾提出抗議的。總要有人替剛剛生下第一個或第二個小孩、而且必然還處在依賴狀態的年輕母親代言，這也是我寫下這本書的原因，我希望支持她們信賴自己天生的本能，同時也向那些在父母與代理父母需要幫助時及時伸出援手的人致敬。

第一部

母親與小孩

一步一步的向小寶寶介紹這個世界，是一項驚人的任務，平凡的母親可以開始並且完成它，不是因為她像哲學家一樣聰明，而是因為她深愛寶寶，願意為他付出一切。

一個男人看母愛

我得先聲明，這本書不是要告訴妳該怎麼做，所以請放心，妳大可以鬆一口氣。小嬰兒裹在襁褓中，這裡頭裹著自我，獨立生活的自我，同時又是依賴的，逐漸成爲一個人的自我。看著這樣的嬰兒躺在床上，身爲男人，我永遠無法眞的曉得，望著這情景的母親們究竟是怎樣的心情。我想，只有女人才有緣品嘗那種滋味；就算她運氣不好，缺乏眞正的經驗，無妨，反正只有女人才能夠想像這樣的經驗。

那麼，既然我不打算給妳任何指示，我又能做些什麼呢？通常，我會請媽媽們把小孩帶來看我，這時我們想討論的對象就在眼前。這些小寶寶可能在母親的膝上晃來晃去，伸手抓我桌上的東西，或是在地上爬來爬去。他可能爬上椅子，或是把書架上的書抽出來；他也可能牢牢抱住媽媽，擔心穿白袍的醫生是愛吃乖小孩的怪獸，甚至會對搞怪難纏的小孩做出更可怕的舉動。這個談論的對象也有可能是年紀大一點的小孩，乖乖坐在另一張桌子畫圖，我和他的母親則努力拼湊他的發展史，尋找究竟是哪裡出差錯。這時小孩會張大耳朵，想確認我們沒有惡意，同時又會在默不作聲的情況下，趁我過去查看他的圖畫時，透過圖畫來跟我溝通。

這一切說起來多容易啊，可是當我只能透過想像和經驗來形容寶寶和小孩，這樣的任務卻又迥然不同！

妳也體驗過同樣的困難，假如我不曉得如何跟妳解說，有一個幾週大的小寶寶是什麼感受，不曉得你們之間有什麼可以溝通，又有什麼不可以溝通，妳會有怎樣的感受呢？如果妳想要更清楚這差異，就請妳回想一下，妳的小寶寶究竟是在多大年紀，才注意到妳原來是另外一個人；或是回想那興奮的一刻，是什麼讓妳感覺到，你們是心意相通的兩個人？以前，凡事你只要開口就能溝通，不必在屋子裡跑來跑去，親自動手。現在，碰到小嬰兒，哪有什麼語言可用？沒有啊，所以妳只能靠母子連心，不必言語就能心意相通。妳曉得妳在意的是照顧好寶寶的身體，而且也喜歡這麼做。妳曉得該如何把寶寶抱起來，該怎麼把他放下來，如何離開他，讓嬰兒床代替妳陪他；妳也曉得怎樣幫他穿衣服最舒服，最能保持寶寶的體溫。的確，打從小時候玩洋娃娃起，妳就懂得這些事情了。還有，在特殊時刻，妳會做某些特定的事情，好比餵奶、洗澡、換尿布，慈愛的抱著小寶寶。有時，小寶寶會撒尿在妳的圍裙上，浸濕了衣服，彷彿是妳允許的，妳不介意的。事實上，正是這些事情讓妳曉得，妳是個女人，而且是個平凡而慈愛的母親。

我說這些，是要妳曉得，我這個男人雖然跟真實生活脫節，不必承受育兒工作的吵鬧、臭味與責任，但我絕對曉得孩子的母親正在品味眞實的人生，就算拿全世界來跟她交換這個經驗，她也絕會不願意的。到目前爲止，如果還算可以，或許妳會讓我跟妳談一談，如何做個平凡的慈母，如何打理小寶寶的人生最初階段。我無法一步一步告訴妳該怎麼做，可是我可以談一談，這一切究竟有什麼意義。

照顧寶寶是妳天生就會的事

照顧小寶寶其實是妳天生就會做的事，這件事雖然平凡，卻非常重要，其絕妙之處在於，妳不必很聰明就做得來。假如妳不願意的話，甚至可以不去想太多。在學校唸書時，妳也許對數學感到絕望；也許朋友都拿了獎學金，妳卻一看到歷史課本就頭痛，所以成績不甚理想，早早就輟學；也許妳要不是在考前出麻疹的話，就不會考砸了；或者妳其實很聰明——可是這些事都無關緊要。妳是不是好媽媽，跟這些事一點關係都沒有。如果小孩子可以玩洋娃娃，妳就可以做個平凡的慈母，我相信大部分時間妳都是個好媽媽。這麼重要的事，只需要這麼少的聰明才智，不是很奇怪嗎?!

假如小嬰兒最後要發育成健康、獨立又合群的成人，他們一定要有好的開始。然而，怎樣才能有好的開始？這就要靠母親與寶寶之間天生的親情，也就是所謂的「愛」。所以，只要妳愛妳的小寶寶，他就已經有一個好的開始了。

我要澄清一下，我談的愛可不是感情用事。妳們都曉得，有一種人喜歡到處嚷嚷：「我就是**好愛**小寶寶。」妳不禁納悶，她們愛小孩嗎？母愛是渾然天成的，其中含有佔有慾，還有慾望，甚至有一種「討厭的小鬼」的成分，也有慷慨、權力和謙遜的成分；可是絕不包括多愁善感，因爲那對母親來說是不愉快的。

好啦，妳可能是個平凡而慈愛的母親，妳不假思索就是喜歡當媽媽。藝術家不也討厭思考藝術與藝術的目的，做媽媽的人可能也寧願不要把事情想得太透徹，所以我得先提醒妳，在本書中我們要談的正是慈愛的母親順其自然所做的事情。不過，有些人可能願意思索一下自己正在做的事。妳們之中有些人可能已經完成育兒的任務，小孩已經長大上學了，那麼，妳們可能想要回顧一下，妳們所經歷的美好事物，想想妳們如何爲孩子的發育打下基礎，假如妳們全憑直覺去做，那大概就是最好的方法了。

照顧小嬰兒的人究竟應該扮演什麼樣的角色？了解這一點是十分重要的，

這樣我們才能夠保護年輕的母親，讓她遠離所有企圖介入她和孩子之間的外來干擾。假如她不曉得自己做得很好，就無法爲自己的立場辯護，就容易聽從別人的意見，或她母親的作法，或書上的說法，一下子就把母親的角色搞砸了。

父親也很重要，在有限的時段裡，他們也可以是好媽媽，而且可以保護母親和寶寶，遠離外界的一切干擾，因爲母子之間天生的親情，才是育兒的要素與天性。

接下來，我會特意用言語來述說平凡的母親關愛孩子時會做哪些事。關於新生兒如何起步，我們要學的還很多；關於這些，或許只有母親才能告訴我們，那些我們學習過程想知道的事。

認識妳的小寶寶

女人懷孕時，生活會起許多變化。在懷孕以前，她可能興趣廣泛，也許從商，也許從政，甚至是網球好手，或是常常參加舞會或大型聚會的社交名媛。她可能瞧不起在家帶小孩的朋友，認爲她們的生活綁手綁腳的，甚至會說些難聽的話，好比批評她們看起來好像植物似的。她也可能受不了洗曬尿布這類媽媽經。假如她對小孩感興趣的話，多半也是多愁善感而不切實際的。不過，她早晚都可能懷孕的。

一開始，她可能會厭惡這個事實，因爲她很清楚，這對她「自己的」人生是多麼可怕的干擾。沒錯，否認這感覺的人才是傻瓜。小嬰兒本來就是一大堆麻煩，除非這個小嬰兒是妳衷心期待的，否則鐵定惹人厭。假如一個女人還不打算生小孩就懷孕，一定會覺得自己運氣太背。

不過，經驗也顯示，孕婦的身體和感覺都會逐漸起變化。可以這麼說嗎，她的興趣會逐漸縮減，還是說，她的興趣會逐漸從外界轉向內在？我想，這樣說可能比較恰當，她肯定會慢慢相信，自己的身體才是世界的中心。

妳們之中有些人或許剛剛到達這個階段，開始以自己爲傲，覺得自己是值得尊重的，人行道上的行人理當禮讓妳。

當妳越來越肯定自己就快要當媽媽了，妳就會像俗話說的，開始放手一搏了。妳開始冒險，允許自己只關心一個對象，那就是即將出生的小寶寶。這個小寶寶將會成爲妳的心肝寶貝，妳也會變成他的天與地。

要當母親，妳得先吃許多苦頭。我想，正是因爲吃了這麼多苦頭，妳才能夠把育兒的訣竅看得特別透徹。妳在平凡的育兒經驗裡得來的心得，是我們這些無法做媽媽的人，要學好多年才能夠了解的。不過，妳大概也需要我們這些研究妳的專家來支持妳，因爲迷信和古老的（有些也可能是現代的）媽媽經會隨之而來，讓妳對自己眞正的感覺產生懷疑。

讓咱們來思考一下，心理健康的平凡母親的育兒心得中，有哪些是極爲重要，卻又容易被旁觀者遺忘的？我想最重要的一點是，妳覺得寶寶是值得當作一個人來認識的，而且越早認識越好。任何人都沒有妳這麼清楚這一點。

早在妳的子宮裡，寶寶就是個小人兒了，而且是與衆不同的小傢伙。等到出生時，他早已有了豐富的經驗，其中有愉快的，也有不愉快的。新生兒的臉龐少了什麼是一目了然的；不過，有時新生兒看起來一臉聰明樣，甚至還帶點哲學家味道。我若是妳，絕不會讓心理學家來決定這個小人兒出生時有幾分像人。我會直接先認識腹中的小人兒，也讓他好好認識妳。

從胎兒在子宮的動靜判斷，妳對他的個性早就了然於胸。如果他很好動，妳就會猜想，俗話說男孩踢得比女孩多，不知是否屬實；不管怎樣，妳都很開心，因爲胎動象徵了生命與活力。我想，懷孕期間寶寶對妳也有不少認識。他分享了妳的三餐，妳早上若是喝了一杯好茶，或是一路跑去趕公車，他的血液就會加速流動。從某個程度來說，他想必也曉得妳何時感到焦慮，或興奮，或憤怒。如果妳焦慮不安，他就會習慣好動，他可能會期待妳把他抱在膝上或放他在搖籃裡輕晃。相反的，假如妳是沉著的人，他就認識了寧靜，他會期待在你的膝上安穩的睡一覺，或是待在嬰兒車裡一動也不動。從某個角度來看，我應該這麼說，在他出生以前，在妳聽見他的哭聲，並看見他、將他攬入懷中之前，他認識妳比妳認識他稍微多一些。

經過生產過程的折騰，寶寶和母親的處境大不相同。妳可能需要休息兩、三天，才能享受寶寶的陪伴。不過，假如妳的體力恢復得不錯，你們也可以立刻開始認識彼此。我曉得有年輕的母親，很早就跟她的第一個小孩接觸。從他出生那天起，每次餵奶後，聰明體貼的護理長都會把他放進搖籃，推到母親的床邊。他在安靜的房裡清醒的躺一會兒；母親把手伸向還不到一週大的他，他會抓住她的手指頭，並朝她的方向望過來。這種親密關係沒有受到打擾，持續發展，我相信這樣的關係會爲這個小孩的性格，與我們所說的情感發展，以及他早晚會遇到挫折與驚嚇的承受能力，打下穩固的基礎。

餵奶：妳跟寶寶最初的接觸

妳跟寶寶最初的接觸，最有影響力的時段就是餵奶時間，那也是他感到興奮的時候。妳可能也很興奮，乳房可能也有感覺，這顯示妳已經準備哺乳了。如果寶寶一開始就能夠將妳跟妳的興奮視爲理所當然，他就可以趕快滿足自己體內突然產生的衝動與強烈的慾望，並好好處理這件事，如此一來他就算是幸運的寶寶。在我看來，當小嬰兒發現興奮來臨時，他體內所掀起的感覺，可是一件拉警報的大事。妳是否曾經從這個角度來看待這件事呢？

從這一點來看，妳曉得自己必須從兩種狀態來認識妳的小寶寶：一種是當他感到滿足又平靜的時候，這時他通常不會太興奮；另一種則是他興奮的時候。首先，當他感到滿足又平靜時，他會花很多時間睡覺，但不是全部的時間，清醒又安詳的時刻非常珍貴。我曉得，有些寶寶即使在喝奶後，也無法滿足，總是哭到疲憊不堪，十分苦惱，但又不容易入睡。在這種情況下，母親很難跟他發生令人滿意的接觸。不過，隨著時間的推移，情況會漸漸安定下來，他也會有滿足的時候。洗澡時，也許是親子關係開始的好機會。

妳必須認識小寶寶的滿足和興奮的狀態，主要是因爲他需要妳的幫忙。如果妳不曉得他究竟處在哪種狀態，妳就幫不了他。他需要妳來幫他，從睡眠或清醒時的滿足，過渡到吃奶時全力以赴的貪婪攻擊。這段可怕的過渡階段，妳得幫點忙。除了日常的照顧之外，這可說是妳升格爲人母的第一項任務。這項任務需要許多本領，而這些本領只有孩子的媽才擁有，或是某個在小孩出生不久後就領養他的好女人。

打個比方，小孩並不是一生下來，脖子上就掛著鬧鐘，指示我們每隔三小時餵一次奶。定時餵奶只是爲了母親或奶媽的方便設想。對寶寶來說，定時餵奶只是次好的，最好的是想吃奶時，張嘴就能吃得到。小寶寶未必一開始就**想要**規律的吃奶。事實上，我認爲小嬰兒要求的是，想要時乳房就出現，不要時乳房就消失，這才是他理應得到的寵愛。偶爾，母親必須隨意的供應母乳，寶寶才能配合她的方便，養成規律的習慣。至少，妳剛開始認識寶寶時，總該曉得他最初的期待是什麼；或者，就算妳決定不順他的意，也得知道他的要求是什麼。而且，妳如果了解小嬰兒，就曉得他只有在興奮激動時，性情才會那麼急切。其他時候，他會很高興能夠發現，乳房或奶瓶後面還有母親，母親後面還有房間，房間外面還有世界。雖然餵奶時妳可以好好認識小寶寶，但是妳慢慢就會了解，我為什麼會說，在他洗澡時，或躺在嬰兒床，或換尿布時，妳對他會有更多更深的了解。

如果妳還需要護士的照料，我希望她能了解，當我說妳只有在餵奶時才抱得到小寶寶，對妳其實是不利的。我希望護士不會認為我多管閒事了。妳需要護士幫忙，是因為妳的體力還沒有完全恢復，無法親自照料寶寶的大小事宜。可是，如果妳不認識沉睡中的小寶寶，或是他清醒躺著的模樣，當他被送到妳的懷中來吃奶時，妳一定會對他留下奇怪的印象。畢竟，小寶寶想吃奶時，只是一個不滿足的小嬰兒；他當然是個人，但內心卻宛如張牙舞爪的獅子和老虎，而他肯定也會被自己的感覺嚇到。如果沒人跟妳解釋這些，妳可能會感到害怕。

相反的，如果妳已經透過他躺在妳身旁、在妳懷中玩耍、或在妳胸前依偎的模樣而認識了他，妳就曉得他的興奮只是一時的，妳會把這興奮看成是愛的一種形式。當他別過頭去，拒絕吃奶，就像牽到水邊卻不喝水的馬一樣；或者當他在妳懷中睡著，無法繼續哺乳；還是他激動到無法盡本分吃奶時，妳也才能夠了解到底是怎麼回事——寶寶只是被自己的感覺嚇壞了。在這個關頭，妳可以用最大的耐心來幫助他，讓他玩耍，讓他含著乳頭，甚至抓著它……只要能讓小嬰兒開心，怎樣都行，最後他就會重拾信心，願意再次冒險吸奶。這是別人做不到的，雖然，這對妳來說並不容易，因爲妳也不是想哺乳就能隨時供應奶水，妳的乳房不是脹奶或怎樣的，就得等寶寶開始吸吮以後才會再次充滿。可是，妳如果曉得到底發生了什麼事，就可以順利度過難關，讓寶寶在吃奶時跟妳建立良好的母子關係。

小寶寶並不笨，對他來說，那種興奮的滋味，既可怕又難過，就好比大人被關進獅子籠的感受。難怪他得先確定，妳會可靠的供應奶水，他才肯吃奶。如果妳讓他失望，他的感覺八成就像快要被野獸吃掉一樣。給他一點時間，他就會發現妳，最後你們都會珍惜他對妳的乳房近乎貪婪的愛。

我想，讓年輕的母親跟她的小寶寶盡量提早接觸，主要是爲了讓她放心，曉得小嬰兒是正常的（不管這到底是什麼意思）。我說過，剛分娩後妳可能精疲力竭，無法在第一天就跟小寶寶做朋友，不過妳曉得，母親在分娩後，應該會想立刻認識小寶寶，這是再自然不過的。不僅是因爲她渴望認識他，也因爲她曾經胡思亂想，擔心自己不夠好，會生出可怕的東西。總之，她絕沒想到小嬰兒是如此美好。就是爲了這個緣故，認識小寶寶才會變成急迫的事。人類好像很難相信自己夠好，好到眞的可以孕育出優秀的下一代。我懷疑有哪個母親一開始就全心全意相信自己的小孩是美好的。父親也是如此，他跟母親一樣，懷疑自己可能無法生出健康正常的小孩，內心因而十分煎熬。因此，第一時間就認識妳的寶寶，是件急迫的事，因爲好消息可以讓雙親都鬆一口氣。

以後，妳想認識小寶寶，則是出於妳的愛和驕傲。然後，妳才會仔細研究他，以便給他所需要的協助。這個協助只能來自最了解他的人，那就是妳，他的母親。

這一切都表示，照顧新生兒是全天候的工作，而做得好這件事的人只有一個。

小寶寶是個蓬勃發展的小生命

我寫的是母親和小寶寶的概況。母親們如果需要細節上的建議，找相關的機構就可以了，在這方面我倒不是特別在行。事實上，細節方面的建議往往來得太容易，有時反而會造成困擾，所以，我寧可寫給那些擅長照顧寶寶的媽媽們看。我想幫助她們了解寶寶，讓她們曉得這到底是怎麼回事。我的用意是，她知道得越多，就越能信賴自己的判斷。當母親相信自己的判斷時，她會做得最好。

讓母親做她喜歡做的事，一旦母親們有了這樣的經驗，她就會發現自己的內心可以是充滿著母愛的，這是最重要的關鍵；就像作家提筆疾書時，都會訝異的發現自己居然文思泉湧，而母親則是會驚喜的發現，跟自己的寶貝接觸時，分分秒秒都很豐富。

其實，我們大可以追問，媽媽如果不是整個擔起責任，又如何學會做母親呢？如果她只做別人告訴她的事，就必須按別人的話不斷的去做、不斷的改進，還要找更能幹的人來告訴她該怎麼改進。可是，她如果安心相信自己的判斷，她就會越做越好。

這就是父親幫得上忙的地方。他可以提供一個空間，讓母親有充足的資源。在丈夫的適當保護下，母親可以把關注焦點放在家裡，專心照顧小寶寶，不必分心處理外面的事務。母親把全副精神放在小嬰兒身上的時間，並不會持續太久。但是一開始，母親跟寶寶之間的親情連結非常強烈，我們必須竭盡所能，讓她在這段時間內，把所有的心思都放在寶寶身上。

這段時間的經驗不只是母親受益而已，寶寶也需要這樣的全心照顧。近來，我們才漸漸開始明瞭，新生兒是何等需要母愛。成人的健康基礎是在童年建立的，而這樣的健康基礎，則是由妳，在小生命的最初幾週和幾個月幫忙打好底的。初為人母的妳暫時對外界失去興趣，也許妳會有點不習慣，那麼以下這些想法或許可以幫點小忙：妳是在為我們社會的未來成員打好健康底子，這絕對是值得做的一件事。說來也奇怪，一般人都認為，孩子越多越難照料。但我很確定，孩子越少，父母的心理壓力其實越大。全心照顧一個小孩的壓力最大，幸好這份重擔只會持續一段日子。

好啦，現在妳孤注一擲了，妳打算怎麼辦呢？嗯，好好享受吧！享受被人當寶，讓別人去照料這個世界吧，妳只要專心孕育下一代就好。好好享受縮進自己的世界，甚至是愛上自己，愛上妳的心肝寶貝。享受丈夫對你們母子的幸福責無旁貸的體認，享受發現自己不斷的變化，享受前所未有的特權，做妳覺得舒服的事。當妳大方供應的奶水遭到寶寶的哭鬧拒絕時，享受生寶寶的氣，享受各式各樣妳無法跟男人解釋、只有女人才有的感覺；尤其是，寶寶會逐漸現出人的模樣，開始把妳當成另外一個人看待，我曉得，這時，妳一定會特別享受這些跡象的。

爲了妳自己，好好享受這一切吧。不過妳從照顧小寶寶的這些骯髒苦差事當中所得到的樂趣，從寶寶的眼光看來，恰好是十分重要的。寶寶並不想按時接受合宜的哺乳，他寧可讓喜愛哺乳的母親依自己的方式餵他。小寶寶把柔軟的衣服和溫度剛好的洗澡水等等視爲理所當然，可以理所當然但有時卻沒法做到的是，母親爲小寶寶洗澡穿衣的樂趣。可是如果妳享受這一切，對小寶寶來說，就彷彿是和煦的陽光出來了。母親必須能夠自得其樂，否則整個育兒過程就是麻木的、沒價值的、沒有感情的。

妳的憂慮當然會干擾這項自然而然的享受，而這些憂慮多半又出自無知。這跟生小孩時緩和緊張的方法很像，關於這一點妳可能早就讀過了。寫這類書籍的作者通常會竭盡所能，淸楚的解釋懷孕和分娩的過程，好讓準媽媽們放心，不必過度緊張，也就是不要擔心未知的事，順其自然就好。其實生產的痛苦並非全然來自分娩本身，有部分疼痛是出自恐懼所引起的緊張，主要是對未知的事感到害怕。現在這一切都跟妳解釋淸楚了，如果妳又有個好醫生和好護士，就可以忍受不可避免的痛苦。

同樣的，生產後，妳能不能從照顧小孩當中得到樂趣，全看妳是否可以避免無知和恐懼所引起的過度緊張而定。

接下來，我想給母親們一些資訊，好讓她們對小嬰兒的發育知道得更多。這樣她們才曉得，小嬰兒需要的恰恰好是母親放鬆自己、自然陶醉在育兒中就能做得好的事。

我會談談寶寶的身體，以及體內的運作，也會談寶寶發展中的人格，還會談妳該如何一步步向小寶寶介紹這個世界，才不會令他感到困惑。

相信他與生俱來的本能

現在，我只想跟妳清楚說明一件事，那就是，小嬰兒的成長和發育，並不需要完全依賴妳。每個小寶寶都是蓬勃發展的小生命。在每個小嬰兒體內，都有生命的火苗，那是生命的成長和發育生生不息的強烈慾望，也是小寶寶與生俱來的本能，我們並不需要知道其進展的方式。譬如，妳如果想在窗口花壇種水仙花，並不需要揠苗助長。妳只要把球莖放進去，覆蓋肥沃的土壤，澆適量的水，其餘的順其自然就好，因爲球莖中蘊含了生命力，自然會開花。

好啦，照顧小嬰兒當然比照顧球莖還要複雜，不過這個例子說明了我的用意，球莖跟小寶寶一樣，都會不斷生長茁壯，而生長的責任並不在妳身上。小寶寶在妳的體內受孕，從那一刻起，就成爲妳體內的房客。出生後，小寶寶又成爲妳懷中的房客，但這都只是暫時的，不會永遠持續下去。事實上，甚至不會持續太久，因爲小寶寶很快就會去上學。但是此刻，這個房客的身體既幼小又脆弱，十分需要妳因爲愛而付出的特別照顧。不過，這並不會改變寶寶與生俱來就會不停生長的傾向。

我不曉得這種說法是否可以讓妳鬆一口氣，但是，我曉得有些母親以爲自己必須爲寶寶的活力負責，結果爲人母的樂趣反而蕩然無存。小寶寶睡著時，她老守在嬰兒床邊，希望他會醒過來，或者至少顯示出一點生命的跡象。如果寶寶悶悶不樂，她就會一直逗他，搔他的臉，想要他擠出一絲笑容。這對小嬰兒來說，當然毫無意義，因爲那只是一種生理反應。這種媽媽老是把寶寶抱在膝上，上下搖晃，想逗他呵呵發笑，或做點什麼，反正只要能夠顯示小嬰兒的活力還在，她們就放心了。

有些孩子即使在襁褓初期，父母都不許他們安安靜靜的躺著。這些孩子損失慘重，甚至可能會錯失想活下去的感覺。我想，如果能夠讓妳曉得，寶寶體內眞的有個奇妙的生命發展過程（而且很難停止），妳可能就比較可以享受育兒的樂趣。說到底，生命對呼吸的依賴，遠遠超過生存的意志。

妳們之中可能有人從事藝術創作，學過素描或繪畫，也可能捏過陶土，或是會打毛線、縫製衣服。做這些事情時，成品是妳們製造出來的，但寶寶不同，他會自己長大，母親只要提供適當的生長環境就好。

可是，有些母親卻把小孩看作手中的陶土，拚命捏塑，以爲自己必須爲結果負責，這其實是大錯特錯了。如果妳也有這種感覺，就會被過重的負擔壓垮，因爲那根本就不是妳的責任。如果妳可以接受「寶寶是個蓬勃發展的小生命」這個想法，妳就可以一面回應他的需求，一面從容自在的站在一旁欣賞小寶寶的發育，並從中得到樂趣。

關於哺乳

從二十世紀初以來，醫師和生理學家針對哺乳做過大量的研究，寫過許多書籍和不計其數的學術論文，這些文獻一點一滴累積成現有的知識。這些努力的成果，使我們現在有辦法區分兩種事情：一種跟生理或生化或實質的事情有關，這是任何人都無法靠直覺或未經深入的科學研究而知道的；另一種則是跟心理有關，這是人們向來透過感覺和單純的觀察就曉得的事。

譬如，說穿了，哺乳其實是嬰兒與母親之間的一種關係，就是將母子的愛付諸行動。不過，在生理研究掃除掉許多障礙以前，人們很難接受這個看法（即使母親們早就了然於胸）。有史以來，在世界各地過著健康生活的母親，必然認爲哺乳只是她跟寶寶之間的私事；不過，有些寶寶死於腹瀉或別的疾病，母親們不曉得害死孩子的是病菌，誤以爲是自己的奶水不好。嬰兒的疾病和死亡，使母親對自己失去信心，轉而向權威人士尋求忠告。然而，處理生理疾病的各種方式，反倒使問題更複雜，令母親們更加費解難懂。幸好我們在健康和疾病的生理知識方面有了長足的進展，現在才能回到最重要的情感問題上來，也就是母親與寶寶之間的親情連結。總之，如果希望哺乳工作順利，母子之間的親情就必須有令人滿意的發展才行。

如今，治療身體的醫師們對軟骨症已有足夠的認識，可以事先預防；他們也充分了解感染的危險，不再讓新生兒在出生過程遭受淋病感染而失明；他們也了解遭受肺結核感染的乳牛的牛奶有危險，所以過去常見的致命結核性腦膜炎，已不再危害嬰幼兒；他們對壞血病也有足夠的了解，而能夠徹底消滅它。拜醫學科技所賜，身體方面的疾病和不適都徹底消除了，所以我們這些關心情感的人，突然急著想要盡可能正確的說明，每個母親都會面臨的心理問題。

我們當然還無法正確說明，每個正在養育新生兒的母親所面臨的心理問題，至少可以努力嘗試一下。如果我說錯或遺漏了什麼，母親們可以糾正我，或者做點補充。

所以，我就來試試看了。假設母親很健康，家庭和睦美滿，寶寶又在適當的時機健康來到，那我們可以簡單的說，在這種情況下，更重要的是母子之間的親情關係，哺乳只是這份關係中的一件小事。母親與新生兒已經準備用強烈的愛，將彼此緊密的連結在一起，但在接受這個重大的情感冒險之前，他們必須先認識彼此。他們可能一開始就達成共識，也可能要經過一番掙扎，一旦達成共識，他們就相互依賴，相互了解，哺乳工作自然不成問題。

換句話說，假如母親跟嬰兒之間的親情已經展開，而且自然發展，就不需要哺乳技巧，也不必量體重和做各種檢查，因爲，他們倆比外人更明白什麼才是對的。在這種情況下，小嬰兒會用對的速度喝正確的量，也知道何時該停止。寶寶的消化和排泄也不必外人監控，因爲情感關係自然發展，整個生理作用就奏效了。我甚至可以進一步說，在這種情況下，母親從寶寶身上學到育兒心得，就像寶寶也從她身上了解了母親。

母親與寶寶之間因爲身體與精神的親密連結，產生了美妙的愉悅感覺，可是人們老是訓誡母親，千萬不可沉迷在這種感覺之中，所以這種愉悅的感覺一下子就被人們的忠告所推翻。這才是眞正的麻煩所在。在哺乳的領域裡，居然還找得到現代清教徒的蹤影！想想看，根據這種清教徒式的說法，寶寶出生以後就得把他跟母親分開，讓他喪失可以找到媽媽的感覺能力（這種感覺有可能是透過嗅覺來進行的）！再想想看，根據這種清教徒式的天才作法，在哺乳時把寶寶包裹得緊緊的，讓他無法用手抓乳房或奶瓶，整個過程中，他只能表示「要」（吸奶）或「不要」（把頭轉開或睡著）！最後，試想一下，根據這種清教徒式的哺育法，在小寶寶尚未開始感覺到自己和自己的慾望之外，眞的有任何外物存在以前，竟然得在固定時間一到就立即強制餵奶！

在正常的狀態下（當母子都健康時），餵奶的技巧、數量和時間都可以順其自然。這是說，餵奶時母親可以給小嬰兒一點自由做主的空間，讓他順其自然的吃奶。這並沒有什麼不好，對母親而言，不論是育兒或哺乳，她都很容易就能盡到自己的職責。

我這個說法，有些人可能無法苟同，因爲完全沒有個人難處，或完全不會擔心，也因此不需要他人協助的母親，寥寥無幾；此外，有些母親顯然疏於照顧寶寶，甚至對寶寶太狠心。不過，我認爲即使凡事都需要忠告的母親，對上述各種情況想必也是點滴在心頭。這樣的母親在養育老大時雖然需要幫助，可是如果她想跟老二或老三盡量提早開始接觸，她必須曉得自己的目標是在育兒實務上，努力擺脫他人的勸告。

任何刻意都會干擾媽媽寶寶的美好關係

我認爲，自然的哺乳就是在寶寶想吃奶的時候餵他，不想吃的時候就停止，這就是基礎。只有在這個基礎上，小嬰兒才能開始跟母親妥協。第一個妥協就是，接受規律而可靠的哺乳，好比三個小時好了，對母親來說很方便，小嬰兒的慾望也可以得到滿足。假如他可以每隔三小時定時感到飢餓，妳就可以這麼做。假如這個間隔對小嬰兒來說太長，他就會苦惱，恢復信心的最快方法就是，在需要時立刻餵奶，進行一段時間以後，等寶寶可以忍受時，再恢復適合的規律時間。

好啦，我這個說法可能又太任性了。如果一個母親學過如何訓練小嬰兒養成規律的習慣，一開始就每隔三小時餵一次奶，這時要她像個吉普賽人似的隨意哺乳，她可能無法接受。我在前面說過，她很容易就會對哺乳所產生的莫大快感感到害怕，也會覺得從那一天起，小嬰兒如果出了任何差錯，她可能會遭到公婆與鄰居的責罵。其實，最大的麻煩在於，人一下子就被養育小孩的重責大任給壓垮了，所以巴不得遵守法則、規定和戒律。這樣雖然會有點無聊，卻可以減少一些人生風險。這多少要怪醫界和護理界，因此我們必須趕快撤除我們對母親與嬰兒的一切干擾。假如只因爲權威人士說自然哺乳是好的，就把它當成要刻意努力的目標，那麼連自然哺乳這個觀念也會變成有害的。

至於說到「訓練寶寶必須盡早開始」這個理論，其實是不可行的，因爲在小嬰兒接受外面的世界，並跟這個世界妥協之前，訓練是不可能達成的。而接受外界現實的基礎是，在襁褓初期，母親必須暫時遵從小嬰兒的慾望。

你們應該明白，我並不是說，我們不必甩那些嬰兒福利機構，讓母親和小寶寶自己去解決那些基本哺乳、維他命、疫苗接種，以及適當清洗尿布的方法等等問題。我是說，醫生和護士的目標應該是處理生理層面的事，不要讓任何事情干擾了正在發展中的母子關係，那是一段很微妙的心理過程。

當然啦，假如要跟照顧別人寶寶的奶媽們說話，我也可以道出她們的爲難與失望之處。我已故的好友茉兒・密德摩爾醫師（Dr. Merell Middlemore）在她的著作《育嬰夫婦》（*The Nursing Couple*）裡寫道：

> 育嬰時的粗心大意有時來自緊張過度，這一點都不足為奇。她一次又一次的看著育嬰夫婦餵奶，親眼目睹他們的幸運與失敗，到了某個地步，他們的興趣竟變成了她的。看著母親笨手笨腳的餵奶，她可能會看不下去，最後甚至有股慾望想插手，因為她覺得自己可以做得更好。其實那是她自己的母性油然而生，想跟母親一較長短，而不是去加強母親的母性。

看到這裡的母親們，如果妳跟孩子的第一次接觸失敗的話，千萬不要太難過。失敗的理由很多，以後還有機會彌補做錯或錯過的事。但是，假如我要在母親的所有任務中，最重要的哺乳問題上，試著支持那些成功或是正在成功當中的母親，就不得不冒著讓某些母親不開心的風險。總之，如果我要表達意見，讓妳們曉得，一個母親靠自己的力量處理她與寶寶的關係，是在竭盡所能爲孩子、爲自己、爲社會做到最好，我的說法可能也會傷害部分仍然處在困境中的母親。

換句話說，小孩跟父母、跟其他孩子，以及最終跟這個社會建立人際關係的唯一眞正的基礎，就是最初這份成功的母嬰關係。他們之間沒有規律的哺乳規則，甚至也沒有任何規定說，寶寶非得含住乳房吃母奶不可。萬般迂迴繁複的人間世事，皆始於簡明單純的開端。

食物都吃到哪了？

當小寶寶感到飢餓時，他的體內有個東西已經甦醒，躍躍欲試準備當家作主。妳自己會發出點聲響表示準備哺乳了，因此，寶寶知道時間到了，放心讓食慾變成美妙的衝動。妳可以看到口水從他的嘴巴流出來，因爲他還不會吞口水，他們用流口水向這個世界表示，他們對於用嘴巴咬得到的東西有興趣。這說明了寶寶正逐漸興奮起來，尤其是他的嘴巴。這時，他的雙手也會加入，一起來尋找滿足。如果此刻妳給寶寶吃奶，剛好是配合上他食慾大動的時刻，這時，他的嘴巴已經準備好了，嘴唇也非常敏感，可以產生絕佳的口腔快感——這是寶寶在後來的生命中永遠無法再次獲得的。

母親會無微不至的配合小嬰兒的需求。她喜歡這麼做，是因爲有愛，她會小心調整餵奶的細節，這是別人認爲不値得做也不會懂的事。不論妳是親自哺乳，還是用奶瓶餵奶，當奶水從妳的乳房或奶瓶進入寶寶的口中時，他的嘴巴都會變得非常活躍主動。

一般認爲，吃母奶的寶寶和用奶瓶餵食的寶寶是有差別的。吃母奶的寶寶含著乳頭的根部，用牙齦咀嚼。對母親來說，雖然很痛，可是這個壓力可以將奶水從乳頭擠進口中，寶寶就能吞下去。至於用奶瓶喝奶的寶寶，則必須運用不同的技巧，也就是他得會吸吮。但就乳房哺乳經驗而言，吸吮只是小事。

吸奶瓶的寶寶，有的需要洞口比較大的奶嘴，因爲在他們學會吸奶以前，需要不用吸就喝得到奶水。有的寶寶則一開始就立刻吸吮，這時奶嘴的洞口如果太大，奶水反而會溢出來。

假如妳用的是奶瓶，得有心理準備，要隨時提高警覺，做適當的調整；哺乳則不必。哺乳的母親可以放輕鬆，她感覺血液湧向乳房，奶水自然就來了。用奶瓶餵奶時，她必須隨時保持警覺，不斷把奶瓶從寶寶口中抽出來，放一些空氣進去，否則奶瓶會變成中空，寶寶就吸不到奶了。她還會先讓奶水降到適當的溫度，把奶瓶貼在手臂上測試一下，手邊準備好一罐熱水，以便隨時把奶瓶泡在裡面保溫，免得寶寶喝得太慢，奶水變冷了。

好啦，現在我們關心的是奶水的去向。我們可以說，寶寶對奶水知道得不少，但也只是到他吞下去的那一刻爲止。奶水就這樣吞進嘴裡，給嘴巴一種確實的感覺、篤定的滋味。這一點無疑非常令人滿意。但是，奶水就這樣吞下去了，這表示，在寶寶的眼中，它幾乎就消失了。就這一點來說，手掌和手指還比較好，因爲它們不會不見，而且隨時可用。不過，吞下去的食物並未完全失去，至少還在胃裡的時候不是，在這裡食物還有可能回來。小嬰兒似乎曉得自己的胃的狀態。

胃是寶寶體內的迷你好媽媽

妳大概曉得，胃是個小器官，位於肋骨下方，形狀就像小寶寶的奶瓶，從左甩到右，它是一團肌肉，構造相當複雜，因此有絕佳的能力做媽媽們爲小寶寶做的事，那就是，胃會隨著情況自行調整，除非受到興奮、恐懼或焦慮情緒的騷動影響；就像媽媽們天生就是好媽媽，除非她們受到緊張或焦慮的影響。總之，胃就像個體內的迷你好媽媽。當寶寶感到自在（也就是成人的放鬆狀態）時，這個肌肉袋，我們所謂的胃，就會自行運作。我的意思是說，它會保持一些張力，同時維持應有的形狀和位置。

好啦，奶水進到胃裡，就留在那兒，接著展開我們稱爲消化的一連串程序。胃裡隨時都有液體存在，那是消化液，上面還有空氣。這些空氣對母親和寶寶有特別的用處。當寶寶吞下奶水時，胃裡的液體量會增加。如果妳和寶寶都很安靜，胃壁的壓力就會自行調整，放鬆一點，胃就變大一點。不過，寶寶通常都有點興奮，因此，胃要花點時間才能適應。胃裡暫時增加的壓力會令寶寶感到不舒服，快速緩解的辦法是讓寶寶打個嗝。爲了這個緣故，在妳餵過寶寶以後，甚至在餵奶中，妳會發現打嗝眞是個好主意。打嗝時，最好把寶寶抱直，比較可能自然打嗝，又不會吐奶。這就是媽媽們總是把小寶寶抱在肩膀上，輕拍他們背部的緣故，輕輕的拍，會刺激胃的肌肉，讓小寶寶更容易打嗝。

當然啦，通常寶寶的胃很快就適應了，一下子就接受奶水，根本不需要打嗝。可是，如果母親處在緊張狀態（有時會這樣），寶寶也會變得緊張，在這種情況下，胃就需要比較長的時間，才能適應胃裡所增加的食物。如果妳了解這是怎麼回事，就可以輕輕鬆鬆的處理打嗝問題，不會感到困惑不解。總之，打嗝會因每次餵奶的狀況，以及每個寶寶的體質而有個別差異。

如果妳不了解這是怎麼回事，妳一定會困惑不解，手足無措。鄰居告訴妳：「餵奶後一定要讓寶寶打嗝！」如果不曉得根本緣由的話，妳就無從爭辯起，只好把寶寶一直放在肩膀上，拚命拍個不停，努力想把妳以爲必須打出來的嗝硬擠出來。這種作法可能會變成教條。這樣一來，妳其實是強迫寶寶接受自己的（或鄰居的）想法，結果反而干預了自然。可是，自然才是唯一的好方法。

好啦，這個肌肉袋子會把奶水留置一段時間，直到消化的第一個階段發生。奶水發生的第一個變化就是凝固，這是自然的消化過程的第一階段。事實上，製作奶酪就是在模仿胃裡發生的事。因此，假如寶寶吐出一些凝固的奶，千萬別驚慌，消化本來就該如此，而且小嬰兒本來就很容易吐奶。

在消化階段，最好能讓寶寶安靜休息。不管妳是把寶寶放在嬰兒床上躺一躺，或是輕輕抱一陣子，都隨妳，沒有哪兩個母親或哪兩個寶寶是一模一樣的。在最舒適的環境裡，寶寶只是躺著，似乎完全進入他的內在世界。這個時候，他的體內可能有種美妙的感覺，因爲血液都趕往活躍的部位，肚子會有溫暖的感覺。在消化過程初期，如果打擾了寶寶，讓他分心或過度興奮，很可能會引起不滿的哭泣，也可能引發嘔吐，或者在食物尚未消化之前就往下傳送。我想妳應該曉得，餵奶時最好不要讓鄰居到家裡來串門子，這非常重要。不只如此，餵奶的時間也應該延長到食物離開胃部爲止。就像一個莊嚴的場合，如果有飛機飛過，莊嚴的氣氛就蕩然無存了。所以，莊嚴的餵奶期，應該延伸到餵奶後，直到食物消化完爲止。

如果一切順利，特別敏感的消化時刻結束，妳會聽到咕嚕咕嚕的蠕動聲音，這表示胃部消化奶水的任務已經完成，現在要自動把局部消化過的食物送過幽門，進入我們所謂的腸子裡了。

好啦，腸子裡發生的事妳不需要知道太多。奶水的持續消化是非常複雜的過程，先是被吸收進入血液之中，再輸送到身體的各部位。有意思的是，奶水一離開胃部就加入了膽汁，這是肝臟在適當時機分泌出來的。因爲膽汁，腸子裡的東西才會有特殊的顏色。妳若是得過黃疸，就會曉得膽汁無法從肝臟進入腸子時有多嚇人，這是因爲輸送膽汁的膽管發炎腫脹所致。發生黃疸時，膽汁會進入血管而非腸子，那會讓人全身泛黃。如果膽汁在適當時機走對路，從肝臟進入腸子，就會讓寶寶感到很舒服。

好啦，妳只要查閱生理學書籍，就可以找到奶水消化的進一步細節。不過，這些細節對母親來說並不重要，重要的是，咕嚕聲表示寶寶的敏感時期結束，食物已經進入他的身體。從寶寶的角度來看，這個新階段想必是一個謎，因爲生理學遠遠超乎小嬰兒的理解能力。不過，**我們**曉得，腸子用各種方式吸收食物的營養，最後透過血液循環送到全身，送到一直生長的各個組織去。在小嬰兒身上，這些組織長得很快，所以需要定期不斷的供應養分。

消化過程的終點

上一章，我探索了奶水被吞下、消化和吸收的命運，這一段在寶寶的腸子裡發生的事，母親並不需要曉得；就寶寶看來，這些事也是一個謎。接下來，寶寶漸漸進入我們叫做排泄的最後階段，這個階段，媽媽就不得不管了。當然，她必須曉得是怎麼回事，才能扮演好她的角色。

實情是，食物並沒有完全被吸收；即使再完美的食物，如母奶，也會留下殘渣，再加上腸子也有正常使用與老化所造成的耗損。總之，有許多剩餘的東西必須排掉。

組成大便的各種物質逐漸通過腸子，到達下端盡頭叫做肛門的開口。這到底是如何做到的呢？原來這些東西是經由一波波的收縮蠕動，通過長長的腸子。對了，妳是否曉得食物必須穿過一條狹窄的管子——腸子？在成人身上，這條管子約有六公尺長；在小嬰兒體內，大約三・六公尺長。

有時，有的媽媽會告訴我：「醫師，食物就這樣穿過他。」在這名母親看來，食物似乎一進入寶寶的嘴巴，立刻就從另一頭出來了。表面上看來好像是這樣，其實不然。重點是寶寶的腸子很敏感，只要吃東西就會引起收縮蠕動；當這些食物殘渣到達腸子的盡頭時，大便就排出來。通常腸子的最後部分——直腸，多半是空的。假如有很多東西要排泄，或是腸子感染發炎了，收縮的頻率就會變得頻繁。漸漸的，只是漸漸的，小嬰兒才會有辦法控制排泄。現在我要告訴妳，這一切到底是如何發生的。

首先，我們可以想像，因爲大量的殘渣等著要排出來，直腸開始脹滿。雖然，腸子蠕動的眞正刺激，可能來自上次餵奶啓動的消化過程。但是，直腸早晚會裝滿。剛開始累積時，小嬰兒並不知情，可是，直腸脹滿時會產生確切的感覺，這種暢快的感覺讓小寶寶想把大便排出來。一開始，我們不該期待寶寶把它憋在肛門裡。妳很清楚在襁褓初期，更換和清洗尿布是最大工程，會佔去大半的時間。只要小寶寶穿了衣服，妳就必須勤快點，常常更換尿布，否則沾上大便的皮膚太久沒清洗，小寶寶會感到疼痛。假如爲了某個緣故，大便下來得太快，因此變成水瀉時，更是需要勤換衣物。妳沒有辦法用急躁的訓練來擺脫尿布。假如妳繼續把工作做好，靜觀其變，奇妙的事情自然就會發生。

妳瞧，假如最後階段寶寶把大便憋在直腸裡，大便會變乾；在等待的時候，大便裡的水分會被吸收，大便就會變成固體排出。如此一來，寶寶就會享受排泄的經驗。事實上，在排便的時候，由於太興奮，寶寶還會因爲快感過於強烈而哭泣。妳瞧，把事情留給寶寶有什麼好處了吧（不過到目前爲止，寶寶還無法自行善後，妳必須幫忙）！妳是在給他機會，讓他從經驗中發現，在排泄前暫時憋一下，感覺還不錯，他甚至會發現，結果還蠻有意思的。事實上，順利的話，排便會是相當令人滿意的經驗。培養寶寶對這些事情抱持健康的態度，才是妳日後訓練他做任何事情的不二法門。

以愛回應寶寶的呼喚

或許有人告訴過妳，每次餵奶後，妳就應該養成抱寶寶去上大號的習慣，目的是爲了早點開始訓練他。如果妳眞這麼做，妳應該曉得，這頂多只能讓妳省下清洗髒尿布的麻煩而已。這裡頭有太多學問了，而且寶寶還太小，根本無法接受訓練。如果妳在這些事情上不讓他自己發展，妳就干預了一個自然過程的開端，也會錯過許多美好的經驗。比方說，只要等一等，早晚妳會發現，躺在嬰兒床上的寶寶，會想辦法讓妳曉得他排便了；甚至不久以後，妳就會得到他即將排便的暗示。那時，妳跟寶寶就會展開全新的關係，他雖然無法用成人的方法跟妳溝通，可是他已經找到不用言語就能說話的方法。他好像在說：「我想我快要便便了，妳有興趣嗎？」而妳（雖然不是眞的這麼說）回答：「有。」妳讓他曉得妳有興趣，並不是因爲妳怕他弄髒衣服，也不是因爲妳覺得應該教他保持衛生，而是因爲妳用媽媽的方式來愛他，對他來說很要緊的事情，在妳看來當然也很重要。而且，妳並不介意自己是否來得太遲，因爲重點不是要讓寶寶保持乾淨，而是要回應他的呼喚。

然後，妳跟小嬰兒在這些方面的關係就會更加豐富；有時寶寶會害怕自己快要排便了，有時又覺得這是件值得的事。由於妳所做的事情純粹是出於母愛，妳很快就能夠分辨，究竟是在幫寶寶收拾善後，還是在接收禮物。

說到這兒，有個實際可行的觀點值得一提。當寶寶排出令人滿意的大便後，妳大概以爲就到此爲止了，把寶寶清洗乾淨後包裹好，繼續去忙原來沒做完的事。可是寶寶卻顯得不舒服，可能又立刻把尿布弄髒了。很可能是直腸才剛剛淨空，馬上又被大便塡滿了。所以，如果妳不趕時間，可以等一會兒，在下一波的收縮蠕動發生時，寶寶這一回就可以排空了。這可能一再發生。所以，只要不趕時間，就能讓寶寶的直腸淨空。這麼做可以讓直腸保持敏感，等它下次再度充滿時，也就是幾個小時後，寶寶就可以用自然的方法重複整套過程。因此，老是匆匆忙忙趕來趕去的媽媽們，總是會讓寶寶的直腸留下一些便便。這些便便可能會排出來，又弄髒尿布；也可能一直憋在直腸裡，讓直腸變得比較麻木，多少影響到下一次的排泄。不慌不忙的處理態度，長期下來，可以在排泄功能上給寶寶一種秩序感。如果妳老是匆匆忙忙的，就無法讓孩子經歷**全部的**經驗，孩子會在混亂的困惑中出發。沒有困惑的孩子以後才能跟隨妳，並且逐漸放棄在衝動來臨時就想立刻排便的莫大快感。寶寶這麼做倒不是要配合妳的願望，盡量不搞髒衣服，而是爲了等待妳，以便了解妳照顧自己小孩時的喜好。再過些日子，寶寶就有能力控制排便這件事情，當他想支配妳的時候他就弄髒，當他想討好妳的時候他就忍住，等待方便的時機降臨。

我可以告訴妳，很多寶寶在排便這件重要大事上，從來沒有機會發現自我。我知道有個媽媽從來不讓她的每個孩子自然大便，她的說法是，直腸裡的大便多多少少會毒害寶寶。實際上並非如此，嬰幼兒幾天不排便是無礙的。可是這名媽媽總是用肥皂條和灌腸劑來干擾每個寶寶的直腸，結果是一場糊塗，她當然不可能養育出會喜歡她的快樂小孩。

同樣的原則也適用於另一種排泄：小便。

水分吸收進血液裡，多餘的水分則跟溶解於其中的廢物，一起從寶寶的腎臟過濾出來，排到膀胱。在膀胱充滿以前，寶寶並不知情，充滿後他就會有想要排尿的衝動。起初，這多半是自動反應，可是寶寶逐漸發現，憋一下就有獎賞，因爲憋一下再排尿是有快感的。這裡發展出的另一種祕密儀式，豐富了小嬰兒的生命，讓生命值得活下去，也讓身體值得住下去。

隨著時間的推移，等待會讓妳發現，小嬰兒有許多事都可以爲妳所用，因爲妳從蛛絲馬跡就曉得快要發生什麼事了。妳對這個過程的興趣，會讓小寶寶的經驗更豐富。假以時日，寶寶爲了博得妳的愛，會變得喜歡等待，只要這個等待不至於太久就好。

現在妳明白，就如同餵奶一樣，在處理排泄這件事情上，寶寶有多需要媽媽了吧？因爲，只有母親才會覺得，亦步亦趨配合寶寶的需要是值得的，因此，她才能讓身體的興奮經驗，成爲母子親情的一部分。

當這樣的事眞的發生，並且維持了一段時間後，所謂的訓練自然不費吹灰之力就達成了。這是因爲這個母親已經贏得這份權力，可以向小嬰兒做些要求了，只要這些要求不超出小嬰兒的能力範圍。

這又是平凡的母親用平凡的關愛，爲寶寶打下健康底子的最佳實例。

餵奶

我早就說過，寶寶可能從一開始，就很欣賞母親生氣蓬勃的特質。母親育兒的喜悅之情，讓小嬰兒很快就曉得，這一切的背後有個人。不過，讓寶寶覺得這個人就是母親的原因，也許是母親設身處地爲小嬰兒著想的能力，正是這個能力讓她曉得小嬰兒的感受。任何書本上的原則都無法取代母親的感同身受，這種能力使她有辦法體會小嬰兒的需求，並密切配合那些需求。

我要利用實地觀察不同的餵奶場景，來比較兩個寶寶的情況，並藉此說明上述的觀點：一個是在家裡由母親哺乳的寶寶；另一個是在養育單位[1]接受照顧的寶寶。養育單位是個還不錯的地方，可是護士工作繁忙，沒時間進行一對一的照料。

我們先來看養育單位裡的小寶寶。讀到這裡的護士，如果你們做的就是餵小嬰兒喝奶的工作，請原諒我用最糟糕而非最好的例子來說明。

假設，餵奶時間到了，小寶寶還不曉得會發生什麼事。他對奶瓶或人都還沒有多少認識，不過卻滿懷希望，期待著令人滿意的好事發生。護士來了，把小寶寶抱起，讓他靠在嬰兒床上，再用枕頭墊在奶瓶下，靠近小寶寶的嘴巴。護士把奶嘴塞入小寶寶的嘴巴後，等了一下子，就轉身去照顧另一名哭泣的寶寶。起初，餵奶的工作進行得相當順利，因爲飢餓的寶寶受到刺激，吸吮奶嘴奶水就來了，目前爲止感覺還不錯；可是不久後，這塞在嘴巴裡的東西，就對他的生存構成莫大的威脅。寶寶哭了起來，或開始掙扎，然後奶瓶掉下來了。他鬆了一口氣，但只維持了片刻，因爲寶寶很快就想吃奶，可是奶瓶沒來，他再度哭泣。過了一會兒護士回來了，再度把奶瓶塞入寶寶的嘴巴裡，這時在我們眼中看來還是一模一樣的奶瓶，對寶寶來說卻是個壞東西了，因爲它變得危險。就這樣，事情不斷惡性循環下去。

現在，我們再來看另一個極端，瞧瞧有媽媽呵護的小寶寶。每次看見心情放鬆的母親，用體貼的方式處理同樣的情境時，我總是欽羨不已。這個母親會把寶寶弄得舒舒服服，還營造一個**環境**好讓哺乳順利進行。事實上，環境也是母子關係的一部分。如果她親自餵奶，她會讓小寶寶的雙手隨心所欲的觸摸她的乳房，感覺她的體溫，更重要的是，讓寶寶測量自己跟乳房之間的距離，因爲小寶寶只有在自己的小小世界裡才認得出任何目標，也就是他用嘴巴、雙手和眼睛接觸得到的範圍。母親也會允許寶寶的臉頰接觸乳房，不過，剛開始寶寶並不曉得乳房是母親的一部分。在臉頰觸碰乳房的經驗中，寶寶並不曉得這個舒服的感覺，究竟來自乳房還是臉頰。事實上，小寶寶會玩自己的臉頰，還會抓它們，彷彿臉頰就是乳房似的。母親通常會容許寶寶做他想要的親密接觸，理由很多，其中一個是，寶寶在這方面的感覺十分敏銳，假如這些感覺很敏銳，我們就可以確定這是很重要的。

一開始，寶寶會需要我所描述的這些非常安靜的經驗，也需要被人寵愛的抱著，那是一種鮮活的抱法，不急躁、不焦慮、不緊張，這些就是環境背景。至於母親的乳頭和寶寶的嘴巴早晚會發生某種接觸，究竟是什麼也無所謂，因爲，母親就在情境裡，她是情境的一部分，而且她還特別喜歡這份關係中的親密感覺。至於寶寶的行爲舉止究竟該如何，她毫無成見。

接著，乳頭跟寶寶嘴巴的接觸，給了寶寶一個想法：「或許嘴巴外面有東西值得試試看。」寶寶開始分泌口水；事實上，口水可能多到讓寶寶喜歡吞口水，有片刻他甚至不需要奶水。母親漸漸讓寶寶在想像中對她所能提供的東西產生胃口，寶寶也開始用嘴含住乳頭，並且用牙齦咬住乳頭的根部，或許還開始吸吮。

然後，寶寶停頓了一下，牙齦放開乳頭，他從原先的活動中退出來，乳房的印象淡出。

萬事具備的餵奶環境

妳看得出來，最後這一點有多麼重要嗎？先是寶寶有了一個念頭，有乳頭的乳房就來了，然後有了接觸。接著，寶寶斷了這個念頭，他轉過頭去，乳頭跟著消失。這就是我們上面所描述的寶寶，跟身處忙碌的養育單位裡的嬰兒，二者在經驗上最重大的差別。當母親看到寶寶轉過頭去，她會怎麼辦？她不會把乳頭硬塞進寶寶的口中，強迫他再度開始吸奶。母親了解寶寶的感覺，因爲她是活生生的人，有想像力，她會耐心等待，過幾分鐘，甚至更快，寶寶就會再度轉向她的乳頭，在適當的時機，再度展開新的接觸。這種情形會一再重複，因爲，寶寶不是從一個裝著奶水的瓶子裡喝奶，而是從一個人的身上吸奶，這個人暫時把自己借給一個曉得該怎麼辦的小嬰兒。

「母親是如此體貼的配合」這個事實顯示，她是活生生的人，不需多久，寶寶就懂得欣賞這一點。

我想特別指出，在後面這個例子中，母親讓寶寶別過頭去的這個作法相當重要；當寶寶不想要乳頭，或不再相信它時，她能夠做到把乳頭從寶寶的口中移開，正是這一點使她成爲母親。這是十分細膩體貼的動作，剛開始母親未必做得到，有時候寶寶也會藉著拒絕食物、別過頭去或是睡著，來表示他有權獲得人性化的對待，這時，想要展現慷慨氣度繼續哺乳的母親會非常失望。有時候，她會受不了脹奶的痛苦（除非有人教她如何擠奶，她才能夠等待寶寶自動轉向她）。不過，如果母親曉得，寶寶扭過頭，離開乳房或奶瓶，是有價值、有意義的，她們大概就能度過這些困難的階段。她們會把別過頭去或想睡的表現，當作需要特殊照顧的徵兆，這表示合適的餵奶環境得要萬事具備才行：母親必須感到舒服，寶寶也必須感到舒服，此外還要有充裕的時間，寶寶的雙臂必須能夠無拘無束，寶寶的皮膚也必須能夠隨心所欲感受母親的肌膚，甚至必須把寶寶赤裸的放在母親赤裸的身體上。如果這當中有任何勉強，或是想要強迫餵奶，絕對是徒勞無功的。只有給寶寶一個找得到乳房的背景環境，才有希望培養適當的餵奶經驗。這些反應在小嬰兒後來的階段可能還會再次出現。

趁著談到這個話題，我還想談一下新生兒母親的處境。這個母親才剛剛度過焦慮艱難的分娩經驗，需要專業的協助。在這個關頭，她還在接受照顧，特別依賴旁人，對於恰好就在身旁的重量級婦女的意見，格外敏感，不論這個人是醫院的護理長或助產士，還是她自己的母親或婆婆，所以，她的處境十分艱難。畢竟，爲了這一刻，她已經做了九個月的準備。我在前面也解釋過，她是曉得如何餵母奶的最佳人選，可是其他博學人士的性格如果很強勢的話，她是很難跟他們抗衡的，要不至少也得等她生過兩、三個小孩，有點經驗以後才有可能對抗得了。還好，產科護士或助產士與母親的關係，通常是融洽的，當然也是最理想的。

這份關係融洽的話，母親就有機會用自己的方式，處理跟寶寶的第一次接觸。寶寶會有大部分時間都在她的身旁睡覺，她可以不斷低頭查看床邊的搖籃，看看自己生出來的是不是個乖寶寶。她會漸漸習慣寶寶的哭聲，假如哭聲讓她感到煩憂，她睡覺時孩子就會被抱走，稍後再送回來。當她察覺到寶寶想吃奶，或者想跟她的身體接觸時，別人就會把寶寶抱到她懷裡來哺乳。在這樣的經驗裡，寶寶的臉頰、嘴和雙手與她的乳房展開了特殊的接觸。

我們都聽說過，年輕的母親常常不知所措，沒人跟她解釋任何事情，除了吃奶時間以外，寶寶都被安置在別的房間，或許跟其他寶寶在一起，但嬰兒房隨時都有寶寶在哭，母親沒有辦法認出自己寶寶的哭聲。餵奶時，寶寶被抱進來交給母親，全身緊緊裹在一條大浴巾裡。而母親必須接受這個長相怪異的小東西，並用乳房餵它（我是故意用「它」），可是她既沒有感覺到奶水充滿乳房，小寶寶也沒有機會可以去探索，去產生念頭。我們甚至聽說，如果寶寶不吸奶，所謂的幫手還會發怒，幾乎是把寶寶的鼻子硬推向乳房的。有過這種恐怖經驗的人，應該還不少。

不過，即使是母親也是透過體驗才學會做母親的。我想，母親們如果知道自己會隨著體驗成長，應該會好過些。但是，如果她們一開始就以爲，必須努力讀書，才能學會做個完美的母親，她們就走錯路了。不過，到頭來，我們需要的始終是，那些徹底領悟、懂得相信自己的母親與父親，正是這些父母建立了最好的家庭，讓寶寶得以發育成長。

編註

1 醫院嬰兒室或新生兒單位、坐月子中心、育兒所等等，皆在作者所指範圍內。

乳房哺乳

上一章，我們從個人的角度來討論乳房哺乳。這一章，我們要從技術面來探討同樣的主題。我們先從母親的角度來了解要討論什麼，醫生護士就能夠知道，母親們可能會遭遇哪些情況，或想問哪些問題。

小兒科醫生曾經在一場討論會中，提過以下這個要點：「我們並不是眞的曉得乳房哺乳的獨特價値，也不知道應該採取怎樣的原則，來選擇斷奶時機。」生理學和心理學顯然都有責任來回答這些問題。我們必須把身體發展的複雜研究留給小兒科醫師，同時嘗試從心理學的角度，來表示一點意見。

乳房哺乳的心理學極爲錯綜複雜，已知的部分大概也夠寫下一些淸楚而有幫助的建議了。可是，問題來了，專家寫出來的東西，雖然都是眞的，一般人卻未必都能接受，所以，我們得先處理這個矛盾。

小嬰兒究竟有怎樣的感受，連年齡相近的兒童都不可能知道了，更何況是成人。我們內心雖然都貯藏著襁褓時期的感受，卻難以重新捕捉。不過，小嬰兒的感受強度，其實和精神病的痛苦強度，難分軒輊。小嬰兒在某個時刻，被某類感覺全然佔據的狀況，有時會在病人被恐懼或悲慟全然佔據時重新浮現。我們直接觀察小嬰兒時發現，要把我們的所見所聞轉化爲感覺的術語，是有困難的；既然如此，我們就用想像的，而且盡量不做錯誤的想像，因爲我們對此情境的各種想法，跟後來的發展相當有關。親自帶小孩的母親最能夠體會寶寶的感受，因爲她們擁有母子連心的特殊能力，即使這種能力幾個月後就會喪失。不過，在喪失以前，她們可以不靠言語，就曉得小寶寶的感受。

醫生和護士對自己的職務雖然很擅長，但卻不比其他人更懂得小嬰兒的感受，畢竟人類也是在近代才剛剛積極投入做自己的偉大任務中。據說，沒有任何一種人際關係會比興奮的哺乳期的親子（或乳房與小嬰兒）關係，更強烈的了。我不敢期待人們會輕易相信這一點；不過，在思考像乳房哺乳與奶瓶餵奶的相對價值這類問題時，至少該把這個可能性放在心上。一般來說，面對動力心理學裡最最眞實的一切時，人們總是無法立即且全然的感受其眞實性，其中尤以襁褓初期的心理學爲最。在其他科學領域中，假如發現某件事情是眞的，人們通常毫不費力就接受了，可是一碰到心理學，總是教人感到緊張，所以不怎麼眞實的事，反而比事實本身更容易接受。

有了這個前提，我想做個大膽的聲明，那就是在乳房哺乳這個祕密儀式中，小嬰兒跟母親的關係特別強烈。這項關係的內涵很複雜，因爲它必須包括期待的興奮、哺乳的經驗、滿足的感覺，以及滿足本能的興奮後產生的安靜結果。我們在年紀稍長後感受到的一連串性的感覺，將可與嬰兒期乳房吃奶的強烈感覺匹敵。個人在經驗前者的時候也會想起後者，因此我們會發現，性經驗的模式確實來自早年嬰兒本能生活的特徵與特性。

不過，本能的時刻並非嬰兒生活的全部。除了具有興奮和高潮的哺乳祕密儀式與排泄經驗之外，還包括其他時刻嬰兒對母親的關係。因爲如此，在襁褓初期的情感發展中，小嬰兒有項重大的功課要做，那就是把這兩種母子關係結合在一起，其中一種是本能興奮的狀態；而在另一種關係裡，母親則是安全、溫暖等基本生理需求的環境與供應者，是保護孩子免於意外傷害的。

滿意的哺乳，日後獨立的基礎

沒有任何事情可以像興奮期間一樣（既擁有生理需求的滿足，又有滿意的美好經驗），如此清楚而滿意的讓小嬰兒感受到，母親是個獨立存在的完整個體。當小嬰兒逐漸認識到母親是個完整的個體時，他可能就有辦法回報她所提供的一切，小嬰兒會變成完整的個體，有能力珍惜受關懷的時刻，那是他受了恩惠，但還沒有能力回報的時刻。這也是罪惡感的起源，以及當親愛的母親不在身邊時，小嬰兒有能力感受悲傷的開始。如果母親跟小嬰兒的關係，能夠做到滿意的哺乳，同時又跟小嬰兒融為一體，並維持夠長的時間，直到她跟小嬰兒都覺得彼此是完整的個體為止，那麼小嬰兒的情感發展，就已經朝健康的方向走了好長一段路，並成為他日後在世上獨立生存的基礎。許多母親的確在最初幾天就覺得已經跟小嬰兒建立親情，也期望小寶寶在幾週大時，就會用微笑打招呼。這些都是來自母親用心照料的體驗，和寶寶本能需求的滿足體驗所得來的成就；在最初的階段，包括哺乳不經意的威脅，或跟其他本能經驗建立關係的困難，還是小嬰兒無法理解的環境變數，都可能毀掉這些成就。在幼兒的發展上，這個早期建立並維持下去的完整人際關係，是最最重要的。

因故無法餵母奶的母親，當然還是可以在餵奶的興奮時刻，使用奶瓶滿足寶寶的本能，並藉此早早建立大部分的母子關係。但大體上看起來，在餵奶的行為上，好像用乳房哺乳的母親，相對的比較能得到更豐富的經驗，而這一點似乎有助於早早建立母子關係。但是，假如本能的滿足是唯一的考量，乳房哺乳就不會優於奶瓶餵奶了，母親的整體態度才是真正的關鍵。

此外，在研究乳房哺乳的獨特價值時，還有一件極重要的事使問題變得更加複雜，那就是：**小嬰兒是有想法的**。在心靈裡，每項功能都是有作用的，即便在生命之初，小嬰兒對餵奶的興奮與經驗所存的幻想也有功能。這類幻想的內涵，就是對乳房毫不留情的攻擊。當小嬰兒有能力感知所攻擊的是母親的乳房時，就曉得最終是母親受到攻擊。在原始的愛的衝動裡，有個非常強烈的攻擊成分，就是吃奶的衝動。從稍後的幻想角度來看，母親受到毫不留情的攻擊；雖然觀察到的攻擊似乎只有一丁點，但我們卻無法忽略，小嬰兒目的裡所蘊含的摧毀成分。滿意的餵奶完成了這場生理上的狂喜，同時也愉快圓滿的度過這段幻想經驗。話雖如此，等小嬰兒懂事後，發現受到攻擊並且被喝光的乳房是母親身體的一部分時，他會因爲自己的攻擊念頭，而顯現出某種程度的擔心與憂慮。

這個含著乳房喝了一千次母奶的小嬰兒，跟用奶瓶喝了同樣奶水量的小嬰兒，處境顯然大不相同。在前者（乳房哺乳）的情況下，母親的倖存比在後者（奶瓶餵乳）的情況中，更像個奇蹟。我並不是說，用奶瓶餵奶的母親無法盡力達到這個效果。她當然可以跟小寶寶玩耍，也讓小寶寶玩耍似的咬她。甚至我們也看得出來，當一切順利進行時，小寶寶的感覺幾乎跟用乳房餵奶的小嬰兒一樣，但其中還是有差別。在精神分析的實際操作過程中，如果有時間慢慢蒐集成人各式各樣性經驗的所有早期根源，分析師可以得到很充足的證據，顯示含著乳房吃母奶的滿意經驗，也就是吸取母親身體一部分的這個確定事實，提供了跟本能有關的各種體驗的未來「藍圖」。

有時，小寶寶無法吸吮乳房，這是很常見的事，但並不是寶寶天生的能力有問題（那是少見的情形），而是有事情干擾了母親的心情，使她無法配合寶寶的需求。如果堅持乳房哺乳，反倒是錯誤的建議，甚至可能會釀成大災難。這時要是改用奶瓶，反而教人大大鬆了一口氣。常見的情況是，有吸奶困難的孩子，從母親的乳房改換成與個人比較無關的方法（也就是奶瓶）時，就毫無問題了。這呼應了讓某些寶寶躺在嬰兒床上的價值，因爲母親如果陷入焦慮或憂鬱，反而會破壞被擁抱的體驗所帶來的豐富性，扭曲了擁抱的過程。看到跟著焦慮或憂鬱的母親的小嬰兒，在斷奶後鬆了一口氣的樣子，應該可以讓這方面的研究在學理上獲得啓發：就餵奶而言，母親履行她育兒功能的**正向**能力，有多麼重要。成功對母親來說很重要，有時候甚至比對小嬰兒來說還要緊；當然，對小嬰兒來說也很重要。

在這一點上，還要補充的是，成功的乳房哺乳，並不表示所有的問題就此迎刃而解了；成功只表示，一段非常強烈而豐富的人際關係已經展開，接下來小嬰兒可能產生某些徵兆，而這些徵兆顯示：在生命中，以及在人際關係中，所有內在的重要困難，如今都要開始面對了。當我們不得不用奶瓶來取代乳房哺乳時，通常各方面都會鬆了一口氣。而從簡單的育兒角度來說，醫生可能會覺得，既然能教各方都鬆一口氣，他顯然就做對了。可是，那只是從健康或生病的角度來看待人生。至於那些關心小嬰兒的人，則必須從人格的貧瘠或豐富的角度來思考，而這又是另一回事了。

乳房哺餵的小嬰兒，很快就會發展出他的能力，開始使用某些客體來象徵乳房，也就是用來象徵母親。小嬰兒對母親的關係（包括興奮與安靜的時候），會透過他跟手掌、拇指或手指頭，或是跟一小塊布、一個柔軟玩具的關係來表示。小嬰兒的感情目標被這些客體取代的過程是逐步進展的。只有關於乳房的想法透過眞正的經驗，而融入小嬰兒的心中時，客體才能夠代表乳房。起初，奶瓶可能可以被看成乳房的代替品。不過，只有當小嬰兒有過乳房經驗，而奶瓶又在適當時機，被當作一個玩具來引介時，這個說法才說得通。如果在最初幾週內，就用奶瓶來取代乳房，情形就不一樣了。這時，它反而多少代表了嬰兒與母親之間的障礙，而非連結。大致上，奶瓶並不是好的乳房代用品。

觀察乳房哺乳和奶瓶餵奶的差別，是如何影響斷奶，是很有意思的主題。

基本上，這兩種斷奶過程必須完全一樣。小嬰兒長到一定的階段會玩丟擲東西的遊戲時，母親就曉得小嬰兒已經發展到了一種狀態，斷奶對他是有意義的了。這時，不論是乳房哺乳，還是以奶瓶餵乳，斷奶的時機都到了。從某個程度來說，沒有任何一個寶寶能夠做好斷奶的萬全準備，但是，有一些寶寶卻自己斷奶了。斷奶多少是帶著點怒氣，也就是因為這樣，乳房跟奶瓶才會如此不同。在乳房哺乳的情況下，有個階段是寶寶跟母親必須相互妥協才能順利度過的。在這段期間，寶寶會對乳房感到憤怒，他的攻擊念頭比較是出自憤怒，而非慾望。對於成功通過這個階段的嬰兒和母親來說，這個經驗顯然比用奶瓶取代乳房這個更機械化的餵奶方法，要豐富許多。斷奶經驗裡有個重要的事實：母親是從斷奶的一切感覺中倖存下來的。她之所以倖存，有一部分是因為小嬰兒保護了她，另一部分則是因為她可以保護自己。

領養的寶寶要餵母奶嗎？

此外，如果是即將送給別人領養的小孩，我們必須考慮一個實際的重要問題：對小嬰兒來說，究竟是有過一段乳房經驗比較好，還是完全沒有比較好？我想，這答案是不可得的。以現有的知識來說，當未婚媽媽曉得領養的手續已經在進行時，我們無法確定，究竟是要建議母親親自哺乳，還是直接用奶瓶餵奶比較好？許多人認爲，如果母親有機會餵母奶，至少應該哺乳一陣子，這樣當她把小孩送給別人時，心裡會好過點；可是，換個角度來說，經過這個階段以後，要再跟小孩分離，她可能會十分痛苦。這是非常錯綜複雜的問題，讓母親經歷這種痛苦，總比讓她事後才發現，自己被剝奪了這段日後可能會覺得彌足珍貴的經驗，要來得好一點，畢竟，這段經驗的感受是如此眞實。然而，每種情況都要根據個別差異來處理，要充分顧及母親的感受，也得顧及小寶寶的權益。成功的乳房哺乳和斷奶，會爲領養提供穩定的基礎，這一點似乎是很肯定的。不過，有了好的開始的孩子卻要送給別人領養，又比較罕見。比較常見的是，這個小孩的生命從一開始就**陷入混亂**，領養人會發現，自己所照顧的小寶寶，因爲襁褓初期歷史的錯綜複雜，已經顯得騷動不安了。因此，有件事是確定的，那就是這些事相當重要，還有，領養時，絕對不能忽略餵奶的歷史，以及出生後頭幾天和幾週的育兒史。如果起初一切都很順遂，領養過程就會很輕鬆；如果起頭就已經陷入一團混亂，幾週或幾個月後要再接手就很難了。

我們可以說，假如孩子最後需要長期進行心理治療，他最好在襁褓之初就跟乳房有過一些接觸，因爲這可以給他充實的人際關係基礎，以便治療時能夠重新捕捉。不過，話雖如此，大部分孩子並不會來做心理治療，長期的心理治療更是罕見。因此，安排領養時，最好還是用可靠的奶瓶餵奶比較好，因爲它不會親密的介紹母親本人，小嬰兒比較容易覺得，雖然參與餵奶的人有好幾個，至少在育兒過程上是一致的。從一開始就用奶瓶喝奶的寶寶，經驗雖然比較貧瘠，但或許也就是因為經驗貧瘠，比較可能讓一群照顧者輪流分工餵奶，而不會使小嬰兒陷入混亂，畢竟奶瓶和餵奶是不變的。對小嬰兒來說，一開始還是必須有些可靠的東西，否則他的心理健康就無法有個好的開始。

探究這個領域時，要做的事還很多，我們不得不承認，幫助我們了解乳房哺乳問題最有收穫的新來源，是長期持續來做精神分析的各類型案例，其中包括正常的、精神官能症以及精神疾病的案例在內，這些案例遍佈各年齡層，兒童和成人都有。

總結來說，要輕鬆跳過乳房哺乳的代用品議題，是不可能的。在某些國家和文化裡，用奶瓶餵奶已是成規，這也必然會影響該地的文化模式。從母親的角度來看，假如一切順利，乳房哺乳可以提供最豐富的經驗，也是最令人滿意的方法。從小嬰兒的角度來看，乳房哺乳後母親及其乳房的倖存，比用奶瓶餵奶後母親及奶瓶的倖存，重要許多。由於乳房哺乳的經驗比較豐富的緣故，母親和小嬰兒之間可能會因而產生困難，可是我們絕不能因此而反對乳房哺乳，因爲照顧小嬰兒的目的，並不只是要避免症狀的發生而已。照顧小嬰兒的目標，也不單單侷限在健康的發育，它還包括供應最豐富的經驗，讓小嬰兒可以長期培養個性與性格的深度與價值。

寶寶為何哭泣？

到目前爲止，妳想了解的，以及寶寶需要我們知道的一些顯而易見的事情，我們都仔細考慮過了。寶寶需要母奶和溫暖，也需要母愛與了解。假如妳了解自己的孩子，就能在他需要的時候幫助他，而且，沒人像母親一樣了解寶寶，所以除了妳，也沒人幫得了他。現在，我們就來談談，他特別需要幫忙的時刻，也就是哭泣的時候。

妳曉得，大部分的寶寶都很會哭，妳常常得決定，究竟是要讓他繼續哭下去，或是要安撫他、餵他吃奶、或讓孩子的爸來試試看，或是乾脆將他完全交給那個對孩子很有一套的婦人（或許，這只是妳一廂情願的想法）？妳大概希望，我可以簡單的告訴妳到底該怎麼辦。可是如果我眞的這麼做了，妳八成又會說：「別傻了！寶寶哭泣的理由有千百種，還沒有找出理由以前，誰也說不準該怎麼辦啊。」那就對啦，就是因爲這個緣故，我現在才要跟妳說說，寶寶哭泣的理由到底有哪些。

這麼說吧，哭泣的種類有四種，這麼說大概八九不離十。我們說得出來的原因，離不開下面這四類：滿足、疼痛、憤怒和悲傷。妳會發現，我說的是再平常不過的事。這是每個帶小嬰兒的母親都曉得的事，只不過她沒有將心得寫出來罷了。

我要說的很簡單，哭泣要不是給寶寶擴充肺活量的運動感覺（滿足），就是苦惱的訊號（疼痛），再不然就是表達怒氣（憤怒），或是唱一首哀傷的歌（悲傷），假如妳可以接受這個尋常的見解，我就可以解釋我的意思。

為滿足而哭

我一開始就說，哭幾乎是爲了滿足，爲了愉悅，這麼說妳們可能覺得很奇怪，因爲人人都認爲，寶寶哭必然是感受到某種程度的苦惱吧。不過我還是認爲，滿足應該是第一個原因。我們必須承認，愉悅跟哭泣的關係，就像它跟任何身體功能的運作一樣，所以有時候會說，寶寶要哭到一定的量才滿意，如果少於這個量就是哭得不夠。

有的母親會告訴我：「我的寶寶很少哭，只在吃奶前哭一下。當然啦，他每天四點到五點間，一定會哭一個小時，不過我覺得他喜歡這樣。他也不是眞的不舒服，所以我會讓他看到我就在旁邊，但不會刻意去安撫他。」

有時候，人們會告訴妳，寶寶哭的時候千萬不要把他抱起來。關於這一點，我們稍後再討論。也有人說，絕對不能任由小嬰兒哭個不停。我覺得，這些人大概是在告訴媽媽們，不要讓孩子把拳頭放到嘴巴裡去，或是吸吮拇指，或吸奶嘴，也不要在莊嚴的哺乳後，讓他在胸脯上玩耍。他們不曉得，寶寶自己有（而且不得不有）辦法對付麻煩。

總之，很少哭的小嬰兒，未必就比愛哭的小寶寶過得好。而且，如果要在這兩個極端之間做選擇，我寧可選擇愛哭的小孩，畢竟他已經充分了解自己製造噪音的能耐。但一定要有個前提：大人沒有常常讓他哭到陷入絕望。

我要說的是，從小嬰兒的觀點來看，身體的任何運動都是好的。呼吸本身對新生兒來說，就是嶄新的成就，在習以為常之前，呼吸是很有趣的；而大喊大叫以及各種形式的哭鬧，必然也很興奮刺激。因此，了解哭泣是有價值的這一點很重要，哭讓我們曉得，它會在有麻煩的時候讓人安心。寶寶哭是因為感到焦慮或不安，而且哭能幫不少忙，至少幫人安心，我們不得不同意，哭是有好處的。再過一陣子，他就會學說話，到時候，這個蹣跚學步的小傢伙，將會敲鑼打鼓、說個不停。

妳曉得小嬰兒如何利用他的拳頭或手指頭，如何把拳頭塞入嘴巴，設法忍受挫折。嗯，尖叫就像從體內伸出來的拳頭，無人能擋。妳可以抓住寶寶的雙手，遠離他的嘴巴，可是妳無法把他的尖叫塞回肚子裡去。妳無法徹底阻止寶寶哭泣，我希望妳也不會做這種無謂的嘗試。假如鄰居無法忍受嬰兒的哭鬧聲，那是妳的不幸，因爲如此一來，妳就必須爲了他們的感受，而採取行動阻止寶寶哭鬧，但那是另一回事，跟我們研究妳的寶寶爲何哭泣，以便預防或阻止全然沒有好處甚至可能有害的哭鬧，完全無關。

醫師們說，新生兒精力旺盛的哭，是健康和強壯的表徵。好啦，哭依然是健康和強壯的徵兆，是最早的體育活動，一種生理功能的練習，如此令人滿足，甚至感到愉悅。**可是，哭泣的意義絕不僅止於此**，那麼哭泣的其他意義又是什麼呢？

為疼痛而哭

爲了疼痛而哭，這是誰都認得出來的。這是大自然讓妳曉得，寶寶有麻煩了，需要妳幫忙的方法。

當寶寶感到疼痛時，他會發出一聲尖叫，或是刺耳的聲音，也會給妳某些指示，讓妳曉得麻煩出在哪裡，好比，他如果肚子痛，雙腿就縮起來；耳朵痛，一隻手就摀著疼痛的那隻耳朵；如果是一道強光讓他感到不舒服，他就將頭轉開。但對於巨大的碰撞聲，他就不知如何是好了。

因爲疼痛而哭，對小嬰兒來說並不愉快，也沒有人會認爲這是舒服的事，因爲寶寶會立刻驚動周遭的大人，讓人採取必要的應變措施。

有種疼痛叫做飢餓。是的，我想飢餓對小嬰兒來說，的確很像疼痛。飢餓讓他感到疼痛的方式，大人已經快要忘記了，因爲成人很少餓到肚子發痛。道理很簡單，只要想想我們到底做了多少事，來確保糧食供應無缺，就明白了。即使在戰爭時期，我們也是如此啊。我們會納悶，不曉得下一餐要吃什麼，但很少擔心會不會沒東西吃。假如我們短缺什麼，就會失去興趣，不再成天想著它，也就不會一直想要，卻又得不到。可是，小嬰兒太曉得飢餓所帶來的劇烈疼痛和折磨了。母親們喜歡小嬰兒乖巧又愛喝奶，一聽到聲音、看見景象、聞到味道就感到興奮，曉得吃奶的時刻到了；可是，興奮的寶寶一感覺到飢餓，就用哭鬧來表示。不過，要是令人滿意的餵奶緊接而來，寶寶立刻就會忘了這份疼痛。

爲了疼痛而哭鬧，是孩子出生以後我們時時都聽得到的。我們遲早會注意到新的痛苦哭聲，那是理解的哭。我想，這表示寶寶有點懂事了。他已經曉得，在某種環境下，**他預期**痛苦即將降臨。當妳開始爲他脫衣服，他就曉得要離開舒適的溫暖了，曉得處境即將改變，所有的安全感即將消失，所以在妳解開上衣的釦子時，他就開始哭了。他已經懂事了，有經驗了，這件事會讓他想起另一件。日子一週週的過去，他漸漸長大，這一切自然變得越來越錯綜複雜。

妳也曉得，有時候小寶寶哭，是因爲尿布髒了。這可能表示，寶寶不喜歡弄髒（當然了，假如他繼續包著髒尿布太久，皮膚會磨損、破皮，讓他感到疼痛）。不過，他哭通常不是討厭弄髒，而是因爲他已經學會預期騷動了。經驗告訴他，接下來幾分鐘，所有的安全感將會消失殆盡，也就是他的衣服會被解開、脫下，而他將會失去溫暖。

因爲害怕而哭的基礎是疼痛，就是因爲如此，每種情況的哭聲才會聽起來都一樣，但是會記住和會預期再發生的是疼痛。因此，在寶寶經歷過強烈的痛苦感覺後，當任何事情威脅著要讓他再次經歷那些感覺時，他就會因爲恐懼而哭了。不久，他會開始發展出意念，有的意念是很嚇人的，所以假如寶寶哭了的話，麻煩是出在有事情讓他想起了疼痛，即便那件事情是他自己幻想出來的。

倘若妳才剛剛開始思考這些事，妳可能會覺得，我把它們變得既困難又複雜，可是我沒有別的法子。幸好接下來的部分就像眨眼睛般簡單，因爲我的單子上哭泣的第三個原因是：憤怒。

因憤怒而哭

我們都曉得，脾氣失控是什麼模樣，也曉得有時氣昏頭會失去理智，一時無法控制自己。妳的寶寶也曉得什麼是不計後果的勃然大怒。不論妳多麼努力，有時還是難免教他感到失望，所以他就憤怒的哭鬧了。在我看來，妳還有一點可以安慰自己，因爲那樣憤怒的哭鬧大概表示，他對妳還有點信心，他希望可以改變妳。一個失去信心的寶寶是不會生氣的，他只會停止想望，或是用悲慘、幻滅的方式哭泣，或開始用頭撞枕頭、撞牆壁或地板，再不然就用各種方式傷害身體。

讓小寶寶充分認識自己的憤怒是很健康的。妳瞧，他生氣的時候，是絕對不會感到無辜的。妳曉得他的模樣，又尖叫又亂踢，假如他夠大的話，還會站起來，搖晃嬰兒床的欄杆。他會又咬又抓，還可能吐口水和嘔吐，把周圍搞得一團糟。如果他眞的吃了秤砣鐵了心，還會屏住呼吸，臉上發青，甚至身體痙攣。那一刻，他眞的打算摧毀，或者至少糟蹋每個人和每樣東西，在這個過程中，他就算毀滅了自己，也是在所不惜的。這時，妳自然要竭盡所能，讓孩子脫離這個狀態。不過，我們可以說，假如一個寶寶在憤怒的狀態下哭鬧，而且覺得他已經摧毀了每個人和每樣東西，身邊的人卻依然鎮定自若，沒有受到傷害的話，這個經驗將會大大加強他的理解能力，他會曉得，他以爲眞實的感覺未必就是眞實的，而幻想與事實雖然都很重要，卻是迥然不同的。還有，妳絕對沒有必要激怒他，原因很簡單，不論妳喜歡與否，已經有夠多的方式讓妳無法不激怒他了。

有些人活在世上，老是害怕情緒失控，害怕自己襁褓時期若是不顧一切的發飆，不曉得會有什麼後果。總之，爲了某個緣故，他們從來不曾測試過自己的脾氣。或許，當時他們的母親嚇壞了吧。鎮定的行爲本來可以培養小寶寶的信心，可是她們卻把生氣的寶寶當作眞的很危險似的，結果就把事情搞砸了。

抓狂的寶寶仍舊是個人。他曉得自己要什麼，也知道怎樣可以如願以償，並且拒絕放棄希望。起初，他根本不曉得自己有武器，也不曉得尖叫會傷人，更不曉得這團髒亂會帶來麻煩。不過，幾個月下來，他開始感到危險，覺得自己可以傷害人，也想傷害別人。不過，他遲早會從個人的痛苦經驗中曉得，其他人也會受苦也會疲倦。

小嬰兒曉得他可以傷害妳，也有意傷害妳；從觀察中看出這些事情的最初跡象，可以讓妳得到許多收穫。

因悲傷而哭

現在，我要來談談名單上第四個哭鬧的理由：悲傷。我曉得，我並不需要向妳形容悲傷，就像我不需要向沒有色盲的人描述色彩。然而，對我來說，只提悲傷就結束是不夠的。我的理由有好幾個，其中一個是，小嬰兒的感覺是非常直接而強烈的，成人雖然珍惜嬰兒時代的這些強烈感覺，在某些特定時刻也想要重溫，但早就學會保護自己，遠離嬰兒時代那些幾乎令人無法忍受的感覺。假如我們失去深愛的人，免不了會陷入沉痛的悲傷，經歷一段哀悼期，朋友們也都了解和體諒我們的心情，曉得我們遲早會復原。也因此，我們不會像小寶寶那樣，不分晝夜時時刻刻向椎心刺骨的悲傷敞開自己。事實上，許多人努力保護自己，避免陷入沉痛的哀傷，他們甚至把自己保護得過了頭，以致於無法如自己想要的那樣——把事情當眞；他們無法感覺到自己想要的深刻感覺，因爲他們對眞實是如此害怕。他們發現自己無法冒險去愛特定的人或物，如果大膽冒險，可能會失去許多；可是保護自己免於哀傷，他們也有所得。人人都好愛令人熱淚盈眶、感人肺腑的電影，這表示他們至少還沒有失去悲傷的藝術！但是，當我談到悲傷是小嬰兒哭泣的理由之一時，我必須提醒妳，妳不太容易記得自己襁褓時期的悲傷，因此無法透過直接的共鳴，相信小寶寶的悲傷。

就算是小嬰兒，也可以發展出有力的防禦，來抵抗深沉的悲傷。不過，我努力嘗試向妳描述的是，確實存在而且妳鐵定聽過的小嬰兒的悲傷哭泣。我想幫助妳看清楚，哭泣的地位、意義與價值，這樣當妳聽到小寶寶的悲傷哭聲時，才會曉得怎麼辦。

我的意思是，當小嬰兒透露出他因為悲傷而哭泣時，妳就可以推斷，他在感情的發展上已經進展了好長一段路。然而，我得告訴妳，**嘗試去挑起**悲傷的哭泣，妳將會一無所獲。這跟前面提到的憤怒，是相同的道理。妳無法幫助他悲傷，同樣的，也無法幫他生氣。可是，憤怒與悲傷是有差別的，憤怒多少是對挫折的直接反應，而悲傷卻透露出小嬰兒心中十分複雜的發展，我會再試著解釋。

不過，首先，我還是先說說悲傷哭泣的聲音吧。我想妳會同意，這個聲音有著音樂般的樂音。有人認為，悲傷的哭泣是比較有價值的音樂的主要根源。在某種程度上，小嬰兒藉著悲傷的哭泣娛樂了自己。他在等待睡眠來淹沒自己的哀愁時，很容易就可以發展並實驗哭泣的各種音調。長大一點時，他會眞的聽見傷心的歌聲伴著自己入眠。妳也曉得，眼淚跟傷心的哭泣比較有關，而非憤怒。沒有能力傷心的哭，意味著乾燥的眼睛和乾燥的鼻子（淚水如果沒有滾下臉龐，就是流入這裡），所以眼淚是健康的，在生理上和心理上皆然。

舉個例子來解釋，傷心的價值到底是什麼意思。就拿十八個月大的幼兒來說吧，因爲在這個年紀所發生的事情，比襁褓初期懵懂發生的事更可信。有個小女孩在四個月大時被人領養，領養前的遭遇十分不幸，因此特別依賴母親。我們可以說，她無法像比較幸運的孩子那樣，在心裡建立起有個好母親在身旁的念頭，因此，她牢牢黏著對她呵護得無微不至的養母。這個孩子是如此需要養母眞的在場，所以養母曉得自己絕對不可以離開孩子。但是，在她七個月大時，養母有一回把她託給一個信得過的育嬰好手半天，結果幾乎是一場糊塗。如今，小孩已經十八個月大了，養母決定去休假兩個星期。她跟孩子說好了，還把她託給熟識的人。可是，這兩個星期之間，孩子一直試著轉開母親臥房的門把，她焦慮得無法遊戲，也無法接納母親眞的不在家的事實。她太害怕了，甚至無法感到傷心。我想，人們可能會說，對她而言，這個世界停頓了兩個星期。最後，母親回來時，孩子等了好一會兒，才確定自己看到的是母親本人，她用雙臂摟著母親的脖子，陷入哭泣與沉痛的悲傷，然後才恢復正常。

從局外人的角度來看，我們看得出來，在母親回來前，悲傷就存在了。可是，從小女孩的角度來看，在母親回來前，悲傷並不存在。她要等到見到母親後才灑下傷心的淚水。怎麼會這樣呢？

我想可以這麼說，小女孩必須克服某件讓她十分害怕的事，那就是母親離開她時，她對母親所感到的恨意。我舉這件小插曲爲例，是因爲這個小孩很依賴養母（而且無法輕易在其他人身上找到母愛）。這個事實讓我們很容易明白，小孩會覺得痛恨母親是非常危險的事，所以她一直苦苦等待母親回來。

可是，等母親回來時，她又做了什麼呢？她很可能會走過去打母親。如果妳們有人有過這樣的經驗，我一點也不驚訝。可是，這個小孩卻緊緊摟著母親的脖子啜泣。對於這一點，母親又該如何理解呢？我很高興母親沒有把底下這些話說出來，因爲母親可能會說：「我是妳唯一的好母親。妳發現妳痛恨我拋下妳離開了，因此感到害怕。妳很抱歉妳痛恨我。不但如此，妳還覺得我是因爲妳做錯了事，或是因爲妳太黏我了，還是因爲妳在我離開前就恨我，我才會離開，因此，妳覺得我是因爲妳的緣故才離開的。妳還以爲我再也不回來了。一直要等到我回來了，妳摟著我的脖子時才明白，是妳心裡的念頭把我送走的，即使早在我還跟妳在一起的時候，就是這樣了。妳用悲傷贏得了摟著我脖子的權力，因爲我的離開傷了妳的心，妳顯然覺得，這一切都是妳的錯。事實上，妳感到內疚，彷彿世界上所有的壞事都因妳而起，其實妳只是我離開的一個小小因素而已。小寶寶是個大麻煩，可是做媽媽的都有心理準備，也喜歡這個小麻煩。雖然妳特別黏我，讓我感到特別累，可是，是我決定要領養妳的，我不會因爲被妳折騰得太累就討厭妳……」

母親本來可以說出這一篇大道理，幸好她沒有這麼做；事實上，她心中從來不曾閃過這些念頭，因爲她忙著哄小女兒都來不及了。

悲傷背後的重要意義

不過是一個小女孩的啜泣，我爲何說了這一大堆道理？我相信小孩傷心時，沒有任何人的描述會一模一樣。上面所說的，有些並沒有說得很透徹，可是也沒有完全說錯，我只希望藉由我所說的讓妳曉得，傷心的哭泣是件十分錯綜複雜的事情。這表示，在這個世界上，妳的小寶寶已經佔有一席之地了，他不再隨波逐流，無所事事了，他已經開始爲環境負起責任了，他覺得自己必須爲環境負責，而不只是對環境有反應而已。只不過麻煩出在，他覺得應該爲自己的遭遇和生命中的外在因素，負起**全部**的責任。不過，慢慢的，他才有辦法從他**覺得**應該負責的一切當中，分清楚他**要**負責的部分。

現在，我們來比較因悲傷跟其他幾種情緒而哭泣的差別。妳應該明白，從出生開始，小嬰兒就會因爲痛苦和飢餓而哭，憤怒則要等到他懂事以後才會出現，而害怕顯示他已經懂得預期疼痛，也意味著，小寶寶的心中已經發展出意念來了。然而，哀傷是象徵某件優於其他強烈感覺的事。假如母親們了解，在悲傷背後所隱含的意義是多麼有價值，就會避免錯過這些。當人們聽到孩子親口說出「謝謝你」和「對不起」時，通常感到很開心。可是較早的這個版本，通常蘊含在小嬰兒的傷心哭泣之中，而這個表現遠比後來大人所教導出來的感激和懺悔的表示，更加珍貴。

在我對這個傷心小女孩的描述裡，妳想必已經注意到，她在母親的懷中感到傷心，是相當合理的。跟母親處在滿意的關係中時，憤怒的小孩很少會繼續憤怒。他如果賴在母親的懷中，那是因爲他不敢離開，但母親可能會嫌煩，希望他離開。可是，這個悲傷的寶寶可以被慈愛的母親摟抱在懷中，是因爲他已經爲傷害他的事情負起責任了，所以他贏得可以跟人們保持一份良好關係的權力。事實上，傷心的小寶寶可能會需要妳的身體和愛的表示。不過，他並不需要被人輕推，或逗得發癢，也不需要其他令他分心以便忘卻哀傷的方法。這麼說吧，他還處在哀悼的狀態，需要一段時間才能復原。他只需要知道，妳還繼續愛他就好。有時候，讓他自己躺在那兒哭一哭，反而比較好。記住，在嬰兒期和童年，沒有什麼會比眞正自然的從傷心和內疚中復原更好的了，這是千眞萬確的，所以，有時候妳會發現，孩子的故意調皮搗蛋是爲了要感到內疚而哭泣，再感受到獲得妳的原諒，這麼做的原因是，他急切的想要重溫眞正從傷心中復原的體驗。

好啦，我已經向妳描述過各種哭泣了。可以說的還有很多，不過，我想妳已經從我嘗試釐清的各種哭泣中獲得幫助了。我還沒有描述的是無望和絕望的哭泣，如果寶寶心中已經不抱任何希望，可能就會變成這種哭聲。在家裡，妳可能永遠都不會聽到這種哭聲。假如妳眞的聽到了，情況就不是妳所能掌握的，妳會需要幫助了。儘管我在前面特別清楚的強調過，妳比任何人都更有能力照顧好自己的小嬰兒。這種絕望和崩潰的哭聲，我們多半是在收容機構裡聽到的，因爲，那兒無法給每個小嬰兒一個母親。我只是爲了避免遺漏，才提起這種哭泣。

妳願意奉獻自己來照顧小寶寶的事實，顯示他有多麼幸運；除非有什麼事情意外打亂了育兒的常態，否則他應該可以直截了當的讓妳曉得：他什麼時候在生妳的氣，什麼時候又很愛妳，什麼時候不想要妳，或者他什麼時候感到焦慮或害怕，以及何時只要妳了解他正在經歷傷心的體驗。

一步一步認識這個世界

假如我們傾聽哲學思辯的討論，有時可能會看到人們說得口沫橫飛，激動的爭辯什麼是眞的，什麼不是。有人說，我們摸得到、看得到和聽得到的事物才是眞的；有人則說，感覺眞實才算數，像惡夢，或是在漫長隊伍中等待巴士，卻碰到惡劣的人來插隊，內心油然而生的深惡痛絕。不過，這些話聽起來實在太艱深了，而且，這跟照顧小嬰兒的母親又有什麼關係？希望我接下來的說明可以解釋得清楚。

照顧小寶寶的母親們處理的是不斷改變、持續發展的情況；一開始，小嬰兒並不認識這個世界，可是等到媽媽完成育兒任務時，小寶寶就會長成了解世事、有辦法在這個世界裡生存的人，甚至還可以參與世界的運作。這段過程是多麼了不起的發展啊！

可是，有些人在面對我們所謂的眞實事物時會有點困難，因爲，他們並不覺得那些是眞實的。在你我的感覺裡，世事有時顯得格外眞實，好比我們都做過感覺上比現實更眞實的夢。但對某些人來說，他們個人的想像世界，比我們所謂的眞實世界更眞實，因此他們根本無法好好的活在眞實的世界裡。

現在，咱們來問一個問題，爲什麼一個平凡的健康人，可以感覺到這個世界的眞實感，又可以感覺到想像的和個人的眞實感？我們究竟是如何長成這樣的？這個成長是很大的優勢，因為這樣一來，我們就可以運用想像力讓世界變得更刺激，同時也讓眞實世界的事物變得更有想像力。我們就是這樣長大的嗎？好啦，我要說的是，我們並不是靠自己就能這樣長大，而是一開始，每個人都有母親，而且她還一步一步的介紹我們認識這個世界。

兩歲到四歲的孩子究竟是什麼模樣？蹣跚學步的小娃兒，究竟是如何觀看世界呢？對剛剛學會走路的寶寶來說，每種感覺都是十分強烈的。成人只有在特殊時刻，才能達到幼年時特有的美妙強烈感受。任何可以幫助我們達到這種境界，但又不會嚇到我們的事都是受歡迎的。

對某些人來說，帶領我們到達這個境界的是音樂或圖畫；對另外一些人來說，則是足球賽，或是盛裝打扮去參加舞會，或是在經過女王的轎車旁那短短的驚鴻一瞥。那些腳踏實地但又有能力享受這些強烈感覺的人，是快樂的，哪怕他們只是在夢裡夢見和記住這些感覺。

對小孩來說，生命只是一連串的美妙強烈感受，對小嬰兒而言，更是如此。妳已經看過，在妳打斷孩子的遊戲時發生了什麼事；事實上，妳很想給他一個警訊，這樣孩子才能好好結束遊戲，並忍受妳的打斷。某位叔叔給妳兒子的玩具，是眞實世界的一小部分，但是，我可以了解，也會考慮到，要是能在恰當的時機，由對的人、用適當的方式把這個玩具拿給孩子，對孩子來說就有意義。或許，我們也可以想起自己曾經擁有的小玩具，以及它當時對我們的特殊意義。但是，假如它現在還擺在壁爐上，看起來是何等平淡無奇呀！

同時活在現實與想像裡

兩歲到四歲的小孩同時活在兩個世界裡：一個是我們跟小孩分享的世界，另一個則是小孩自己的想像世界。這兩個世界重疊在一起，所以孩子能夠如此強烈的經歷它。面對這種年齡層的小孩時，我們並不會堅持，一定要他們對外面的世界有個精確的認知。孩子的雙腳並不需要時時牢牢的固定在地面上。如果一個小女孩想要飛翔，我們不會告訴她：「小孩子不會飛。」相反的，我們會將她抱起來，扛在頭頂上飛來飛去，再把她抱到櫃子上面，讓她覺得自己好像一隻小鳥，回到鳥巢了。

不久，孩子就會發現，飛翔無法靠魔法達成。夢裡神奇的飄浮在空中，或許醒來後還可以記得一些印象，至少會有個關於邁開好大一步的夢。有些童話故事，提到可以健步如飛的「七里格長統靴」（Seven-League Boots），或是會飛的「魔毯」，這都是成人對這個主題的貢獻。十歲左右，小孩會練習跳遠或跳高，努力跳得比別人更遠或更高。除了夢的緣故，這還是三歲左右自然產生的飛翔概念所殘留的強烈感受或印象。

我要說的重點是，不需要把幼兒鎖死在現實規範上，我希望當小孩長到五、六歲大時，也不需要如此，假如一切順利的話，到了那個年紀，小孩自然會對所謂的眞實世界，產生科學方面的興趣。這個眞實世界可以給我們的很多，但是我們在接受的時候，可千萬不要喪失個人內心世界或個人想像的眞實感。

對小孩來說，內心世界同時是外在與內在的，這一點是理所當然的。因此，當我們玩起小孩的遊戲，或換個方式參與小孩的想像經驗時，就可以進入小孩的想像世界。

看看這麼一個三歲的小男孩吧。他很快樂，整天自己一個人或是跟其他孩子一塊兒玩耍，他還坐在餐桌旁邊，像個大人一樣吃飯。白天時分，他已經能夠區分我們所謂的眞實事物，以及小孩的想像力了。到了晚上，他又會怎樣呢？睡覺，而且毫無疑問的還會做夢。有時，他會尖叫著醒來。這時，母親就會連忙跳下床，衝進房間打開電燈，把小男孩緊緊抱進懷裡。他會因此開心嗎？恰恰好相反，他可能會大喊：「滾開，妳這個巫婆！我要媽咪。」原來，是他的夢境蔓延到我們所謂的眞實世界裡來了。母親一籌莫展的等了將近二十分鐘（這段期間對孩子來說，她就是女巫）。然後，他又突然撲過來，緊緊摟著母親的脖子，彷彿她才剛剛出現似的，但他還來不及告訴她掃帚的故事就又睡著了，所以母親把他放回床上，再回自己房間去。

還有個七歲的小女孩，一個很乖的孩子，她告訴妳，新學校裡所有的小孩都跟她作對，女教師也很可惡，老是找她麻煩，拿她做壞榜樣來羞辱她。這又是怎麼回事呢？妳當然得親自去學校走一趟，跟老師談一談。我並不是說，所有的老師都十全十美；不過，妳可能會發現，老師爲人很坦率，她其實也很苦惱，因爲小女孩似乎老是自找麻煩。

好啦，妳曉得，孩子就是這樣，他們本來就不該曉得這個世界的眞實模樣，而且，我們必須允許孩子擁有成人所謂的妄想。所以，妳可能只要邀請老師到家裡來喝茶，就能解決問題。不久，妳會發現，孩子又走到另一個極端去了，她十分喜歡老師，甚至近乎崇拜了。如今由於老師的愛，她反而掛念起其他不受寵的小朋友來了。再過些日子，整件事情就平息了。

假如我們觀察幼稚園的幼兒，可能就很難透過我們對老師的了解，去猜測他們是否喜歡這個老師。妳可能認識這個老師，覺得她不怎麼樣，不太迷人，而且在她母親生病時，還表現得很自私等等。但是，孩子對她的感覺並不是用這類事情來衡量的。孩子可能很依賴、很喜歡她，因為她很可靠、很和藹，而她也確實是孩子的快樂和成長中不可或缺的人。

呵護母嬰共享的小世界

不過，這一切都出自稍早時母親與小嬰兒之間的關係。這份關係有個特殊條件，那就是母親跟小寶寶分享了一小塊特殊的世界，而且要夠小，孩子才不會搞混；但是這個小世界又要能夠逐漸擴大，才能配合孩子，逐漸增加他對這個世界的享受能力。這是母親最重要的一項任務，而她做來得心應手，再自然不過。

假如我們更仔細的來思考這一點就會發現，母親有兩種作法對這一點大有幫助，一是她不厭其煩的避免巧合，因為巧合會造成混淆，例如，在斷奶時把孩子交給別人照顧，或者在出麻疹時改吃固體食物等等。二是，她有辦法區分事實與幻想。關於這一點，需要更仔細的來探討一下。

當小男孩在半夜醒來，把母親誤認為巫婆時，她很清楚自己並不是女巫，所以她可以耐心等待他恢復神智。第二天，當他問她：「媽咪，世界上眞的有女巫嗎？」她立刻就可以回答：「沒有。」同時，她又找出一本女巫的故事書來講給他聽。當妳的小兒子對妳特別預備且營養豐富的牛奶布丁做鬼臉，表示布丁有毒時，妳並不會生氣，因爲妳很淸楚布丁是好的。妳也曉得，他只是暫時以爲布丁有毒，妳會想辦法克服困難，過不了幾分鐘，他可能就會津津有味的把布丁吃了。要是妳對自己沒有把握，就會少見多怪的強迫孩子把布丁吞下去，好向妳自己證明它是好的。

妳對什麼是眞的、什麼不是眞的已經夠淸楚。關於這一點，妳可以用各種方式來幫助孩子，因爲小寶寶要慢慢的才能了解，這個世界跟他想像中的不一樣。而想像的世界跟眞實的世界雖然不同，但卻彼此需要。妳曉得寶寶愛上的第一樣東西是什麼，可能是一塊小毯子，或柔軟的玩具。對小嬰兒來說，這樣東西幾乎是他自己的一部分，妳要是把它拿走，或是拿去淸洗，將會釀成一場災難。但是，當小寶寶有辦法把這個東西和其他東西丟掉時（他當然還是期待它們會被撿回來），妳就曉得時候到了，小嬰兒已經能夠允許妳走開再回來。

現在，我想再回到一開始，俗話不是說，凡事起頭難，那麼假如起頭順利，後面的發展也會一帆風順的。所以我想再回來聊聊，剛開始餵奶的事。妳還記得我描述過，當寶寶的腦中浮現意念時，母親就供應她的乳房（或奶瓶）；當意念從寶寶的心中淡出時，母親就讓乳房消失。妳是否看得出來，這麼做的時候，母親已經用一個很好的開始，把這個世界介紹給小寶寶了？等到寶寶九個月大時，母親大概已經餵過一千次了，而且仍然用同樣巧妙、恰到好處、符合寶寶需求的方式，來處理她所做的一切事情。對這個幸運的小嬰兒來說，這個世界從一開始就用這種方式運作，跟他的想像力緊密的結合在一起，所以也巧妙的融入了他想像力的脈絡中，如此一來，小寶寶的內心世界也因爲對外面世界的感知，而更加充實了。

現在，我們再來想一下，人們所說的「眞實」是什麼意思。假如某個人在小嬰兒時，母親曾用尋常的好方法向他介紹這個世界，就像妳爲妳的孩子所做的那樣，那麼他就會明白眞實有兩個層面，也可以同時感受到這兩種現實。但有人可能沒這麼幸運，他的母親可能把事情搞砸了，對那個人來說，眞實只有一種：不是這種，就是另一種。對這個不幸的人來說，這個世界如果不是外在的現實，人人看到的都是相同的；就是完全出於個人的想像。至於這兩種人，鐵定會爲「何謂眞實」這個議題爭論不休。

所以，這多半看小嬰兒和成長中的小孩，如何認識這個世界而定。一步一步的向小寶寶介紹這個世界，是一項驚人的任務，平凡的母親可以開始並且完成它，不是因爲她像哲學家一樣聰明，而是因爲她深愛寶寶，願意爲他付出一切。

譯註

1 一里格＝三英里，所以七里格相當於二十一英里，約三十五公里。七里格長統靴是歐洲童話故事常常提及的一項魔法寶物。

把寶寶看作有想法的人

我一直在想，到底應該如何描述，小嬰兒也是個人。我們看見食物進入寶寶的身體，消化以後有些分送到全身，幫助他成長；有些儲存起來成爲精力；還有些則用各種方式排泄出去。這一點是很容易看得出來的，但這些都是在觀察寶寶的身體，重點放在身體。假如我們觀察同一個小寶寶，把重點放在他這個人上面，也很容易看到，除了身體的經驗以外，還有個想像的餵奶經驗，兩者互爲表裡。

我想，妳可以這麼想：妳爲了愛小寶寶所做的一切，就像食物一樣進入他的心裡。這麼想，妳就有很多收穫了。小寶寶利用這些長出了某個東西，不但如此，還經歷了好幾個階段，先利用妳，然後再甩掉妳，就像食物一樣。如果可以讓他突然長大一點，我大概就能好好解釋我的意思。

先來看一個十個月大的小男孩。他坐在母親的膝上，而他的母親正在跟我說話。他十分清醒，又精神奕奕，自然會對一些東西感興趣。爲了不讓小孩干擾我們的談話，我故意在他母親跟我之間的桌子角落，擺了一個吸引人的物品。我們一邊談話，一邊留意著他。假如他是個尋常的小孩，鐵定會注意到這個吸引人的物品（假設是根湯匙好了），還會伸手去抓它。事實上，他一拿到手以後，就突然變得客氣起來，他彷彿在想：「我最好搞清楚一件事：不曉得媽媽對這個東西有什麼意見。在我弄明白以前，最好還是先住手爲妙。」所以，他會轉身離開這根湯匙，彷彿並沒有進一步的打算。過了一會兒，他會再度對它產生興趣，試探性的用一根手指頭去碰碰湯匙。他可能會抓住它，再瞧瞧母親，看看是否能夠從她的眼神看出一些端倪。此時，我必須告訴這位母親該怎麼辦，如果不這麼做，她可能會幫過頭，或是出手阻止，所以，我要求她盡量不去干涉他。

寶寶逐漸從母親的眼神中發現，她並不反對他正在做的事，所以他把湯匙抓得更牢，據爲己有。不過，他還是很緊張，因爲還不確定，假如他隨心所欲的使用這個東西會產生什麼後果，他甚至不曉得自己究竟想做什麼。

我們猜想，過一會兒，他可能就會發現，到底想拿它來做什麼，因爲他的嘴巴開始興奮起來了。他依然很安靜，也很謹慎，可是口水已經開始從他的嘴角流下來了，舌頭看起來有點鬆垮垮的，他的嘴開始想要這根湯匙，牙齦也想咬它。不久以後，他就把它塞進嘴巴裡去。然後，他就對它產生常見的攻擊感，彷彿要將它吃下似的，那是獅子、老虎以及小嬰兒抓到好東西時直覺的反應。

現在，我們可以說，寶寶已經把這個東西據爲己有了。他不再處在專注、疑惑和徬徨的安靜狀態。相反的，他自信滿滿，深受新的斬獲所鼓舞。我敢說，在想像中，他已經把它吃下去了，就像食物呑下去被消化，成爲他的一部分一樣，這根湯匙也在想像中變成他的一部分，可以運用了。但是，他會如何運用呢？

答案妳很清楚，因爲這是家裡常常發生的例子。他會把湯匙放進媽媽的嘴裡去餵她，要她一起玩遊戲，假裝吃了它。請注意，他並不是要她眞的咬，假如她眞的把湯匙含進嘴巴裡，他可是會嚇壞的。這只是個遊戲，是在練習想像力。他自己在玩，也邀請別人一起玩。他還會做什麼呢？他可能會餵我，要我假裝吃它，還可能作勢把它推向其他人，請大家分享這個好東西。他已經擁有它了，爲何不讓人人都擁有它呢？反正他有東西可以慷慨的跟人分享。現在，他把湯匙放進母親上衣裡面的乳房上，然後重新發現它，把它拿出來。接著，他把它塞進吸墨紙墊下面，享受失去它再找到它的遊戲。或者，他也可能注意到桌上有個碗，開始把想像中的食物舀出來，想像是在喝湯。這個經驗很豐富，呼應了身體中段的那段消化過程，也就是介於食物被呑下去消失後，再從下面重新發現大小便之間的過程。我可以一直說下去，描述不同的小寶寶如何受這類遊戲所鼓舞。

現在，小寶寶已經拋下湯匙。我想，他的興趣已經轉到別的東西上了。我會把它撿起來，讓他再拿去。是的，他似乎還要它。他再次玩起遊戲，像以前一樣使用湯匙，把它當作他身上額外的一部分。喔，他又把它丟掉了！顯然不是不小心弄掉的。或許，他喜歡湯匙掉到地上的聲音。這點等會兒就知道了。我把湯匙再遞給他。現在，他接過去就故意丟掉，他想做的就是丟掉它。我再把東西撿回來給他，這回他根本是用扔的。現在，他已經伸手去拿別的、吸引他的東西了，湯匙已經被他拋到腦後，這一幕也結束了。

我們已經看過寶寶如何對某樣東西產生興趣，並將它變成自己的一部分；我們也看著他使用它，然後跟它斷絕關係。類似的情節不斷在家裡上演，只不過在這個特殊場景裡，順序比較明顯，也讓小寶寶有時間去經歷一段經驗。

寶寶的內心世界

然而，我們到底從觀察這名小男孩當中學到了什麼呢？

首先，我們見證了一個完整的經驗。因為在受控制的環境裡，事件有開始、中間和結束，是完整的事件。**這對小寶寶來說是好的**。妳如果趕時間，或感到煩惱，就無法允許**完整的事件發生**，小寶寶的經驗就比較貧瘠。假如妳有充裕的時間，就可以讓這些事情發生。其實，妳如果眞的愛小寶寶，就會有充裕的時間。事件完整的發生可以讓小寶寶掌握時間感，因爲剛開始，他們並不曉得事情可以有始有終。

妳是否看得出來，只要有了一個強烈的開始與結束的感覺，就可以好好享受（如果不好的話，則是忍受）中間部分？

讓孩子有時間擁有一個完整的經驗，並且有妳的親自參與，就能逐漸爲孩子的能力打好基礎，讓他將來可以好好享受各種經驗，不必提心吊膽。

其次，從觀察小寶寶跟湯匙的互動，還可以得出另一個心得。那就是，我們看到，開始一場新的冒險時，他是怎樣產生懷疑和猶豫的。我們看到小孩伸手觸碰湯匙柄，在第一次簡單的反應後，便暫時打消興趣。然後，小心打量過母親的反應後，才又恢復興趣。不過，在他眞的把湯匙塞進嘴巴咬以前，他還是很緊張，也毫無把握。

有新的狀況出現時，要是妳在場的話，寶寶是會準備徵詢妳的意見的。所以，妳必須清楚，什麼東西可以讓小寶寶碰觸，什麼東西不可以。而最簡單也是最好的辦法就是：請避免把小寶寶不可以拿和不可以放進口中的東西放在他身旁。妳瞧，小寶寶是在嘗試尋找妳的行事原則，這樣以後他才有辦法預料什麼是妳允許的。再晚一點，語言就派得上用場，妳會說「太尖」、「太燙」，或者用某種方法指出對身體有危險；或者，妳總有辦法讓孩子曉得，因爲洗東西而拔下來的結婚戒指，並不是爲了要給他玩才放在那兒的。

妳是否看得出來，該怎樣幫助孩子，才能避免陷入什麼可以碰、什麼不能碰的麻煩之中？其實，妳只要清楚自己禁止什麼、原因何在，就可以做到這一點。總之，只要人在場就行了，預防勝於治療。同時，妳也要刻意提供孩子喜歡把玩和嚼咬的東西。

此外，我們也可以談談，寶寶學習伸手去拿、去尋找和抓取一樣東西，以及放進嘴巴的技巧。每回看到六個月大的小寶寶做完整段表演時，我都會大吃一驚。相反的，十四個月大的孩子，興趣變化多端，很難像觀察十個月大的小男嬰那樣，看得這麼清楚。

不過，我想我們觀察這個小寶寶所學到的最佳心得，應該是這一點：**我們從發生的事情看到，他不只是個小男孩，還是個有想法的人。**

發展出各種技巧的年齡都很值得記上一筆，不過可不是只有技巧而已，還有遊戲。小寶寶透過玩遊戲，展現他心中已經建立了一個我們可以稱作遊戲材料的東西，而玩遊戲所要表達的，就是這個想像力豐富、鮮活逼眞的內心世界。

這種想像生活充實了身體的經驗，同時也被身體的經驗所充實。誰能告訴我們，小嬰兒多早就開始這種想像生活呢？三個月大時，小寶寶可能就想用一根手指頭去觸摸母親的乳房，並在吃奶的時候，玩餵她吃東西的遊戲。至於最早那幾週呢？誰知道呢？在吃母奶或吸奶瓶時，小嬰兒可能也想吸吮拳頭或手指（所謂的魚與熊掌**兼得**），這表示，他的需求可不只是純粹要滿足飢餓而已。

可是，我這些話究竟是為誰而寫呢？母親從一開始就毫無困難的在寶寶身上看到了人的跡象。但是，有些人卻告訴妳，小嬰兒在六個月大以前，只有身體和反射作用。當人們這麼說的時候，妳可千萬別上當了，好嗎?!

當寶寶慢慢成長流露出他身為人的獨一無二特色時，請盡情享受他在妳眼前展現的種種跡象，因為寶寶需要妳與他同在。所以，請做好準備，對於寶寶愛玩的興致，請不要匆匆忙忙、大驚小怪，或是毫無耐心來回應他。最重要的是，他的愛玩顯示了，寶寶有他自己的內心世界。假如妳身上也有旗鼓相當的玩興，當這兩個玩興碰上了，寶寶就會發展出一個豐富的內心世界，而一起玩耍將成為你們母子關係中最精彩的一部分。

斷奶

現在，妳應該很了解我，也不會指望我告訴妳，究竟該在什麼時候，用什麼方法斷奶了。其實，好方法不只一種，保健人員和衛生所都可以給妳一些建議。而我想從籠統的角度來談斷奶，幫助妳看清楚自己到底在做什麼，不管妳用的是哪種方法。

說到斷奶，其實大多數的母親都毫無困難。怎麼會這樣呢？主要是因爲，餵奶本身進行得很順利，所以寶寶有東西可斷。畢竟，妳無法教人斷絕他們從來不曾擁有的東西。

我還記得小時候，有一回，大人允許我隨心所欲的吃覆盆子和奶油。那是一次美妙的經驗。如今我對那個回憶的享受，遠比吃覆盆子還痛快。或許，妳也記得某件美妙的往事？

因此，斷奶的基礎就是，美好的乳房經驗。在正常的情況下，九個月來，小寶寶大概含著乳房，吃了一千多次的母奶，這給了他許多美好的回憶，或是做美夢的材料。不過，重點不只在這一千次，更在寶寶跟母親相聚的方式。就像我經常提到的，母親體貼的配合小嬰兒的需求，啓發了小嬰兒「這個世界是好地方」的念頭。這個世界來到小嬰兒的面前，因此小嬰兒可以去適應這個世界。是母親一開始無微不至的體貼，換來了小寶寶的配合。

如果妳也像我一樣，相信小寶寶從一生下來就有想法，那麼妳會了解，對寶寶來說，吃奶時刻通常都很糟，例如，它經常打斷安詳的睡眠、清醒的沉思。很多本能的需求，往往既激烈又嚇人，所以，一開始對小嬰兒來說，這似乎會威脅到他的生存。飢餓來襲時，他感覺就好像被餓狼附身似的。

九個月大時，寶寶已經習慣這種事了，即使被本能的衝動支配，他也有辦法忍住。寶寶甚至有能力了解，這些衝動是一個人活著的表示。

當我們看著小嬰兒發展成一個人時，我們可以看到，在安靜的時刻，母親也逐漸被小嬰兒當成一個人，一個正如她所表現出來那麼迷人而珍貴的人。那麼，在這時感到飢餓，又感到自己無情的攻擊迷人的母親，那感覺是何等糟糕呀！難怪小嬰兒常常會失去胃口；難怪有些小嬰兒無法承認乳房是母親的一部分，因而把深愛的完整美麗的母親，跟自己興奮時所攻擊的對象（乳房）區分開來。

成人心動時，會發現自己老是放不開，這造成許多痛苦，也會帶來失敗的婚姻。但是，在這方面和其他許多方面，未來健康的基礎，還是在襁褓時有個平凡的好媽媽，不怕孩子有想法，而且在孩子拚命攻擊她時還愛著他，給他完整的經驗。

或許，妳眞的明白了，對母親和小孩來說，爲何用乳房餵奶的確是比較充實且豐富的經驗。這一切也可以用奶瓶來完成，而且改用奶瓶通常反而更好，因爲，對小寶寶來說，用奶瓶喝奶比較容易，也比較不刺激。不過，假如能完成乳房經驗，又能成功終止，對人生來說，會是比較好的基礎，這個過程提供了豐富的夢想，還讓人有能力冒險。

斷奶的好時機

就像俗話說的，一切美好的事物都會有結束的時候。結束也是美好的一部分。

在前一章，我談過小孩抓住一支湯匙的故事。他拿了湯匙，含住它，享受擁有它，把玩它，然後扔了它。所以，這個小寶寶可以浮現「結束」這個念頭。

在七、八個月大甚至九個月大時，小寶寶已經有能力玩丟東西的遊戲了，這是很常見的現象，也是很重要的遊戲，甚至很惱人，因爲隨時都得有人把丟掉的東西撿回來。當妳從商店出來，還在大街上，妳可能就發現，小寶寶已經從嬰兒車內丟出一隻泰迪熊、兩隻手套、一個枕頭、三顆馬鈴薯，還有一塊肥皂。妳大概還會發現，有人把東西全部撿起來了，因爲小寶寶顯然指望有人這麼做。

到了九個月大時，小寶寶多半都很懂得丟東西，甚至還會自動斷奶。其實，這是利用小寶寶正在發展的丟東西能力，來達到斷奶的目的，在這個時機斷奶才不會太突兀。

不過，小寶寶爲什麼要斷奶，爲何不繼續下去呢？呃，我必須說，永遠不斷奶，未免太感情用事了，而且可能有點虛幻。不過，斷奶的想法必須來自母親，她必須勇敢到足以承受小寶寶的憤怒，以及隨之而來的糟糕可怕念頭，還要圓滿完成餵奶的愉快工作。當時機成熟，斷奶能大幅拓展小寶寶的經驗時，原來很愛吃母奶的他也會很樂意斷奶的。

在斷奶時機來臨時，妳自然早就爲寶寶介紹了別的食物，甚且已提供固體食物，好比甜麵包之類的，讓小寶寶咀嚼，妳也會用湯或別的食物來取代一次母奶。妳發現，任何新的食物都可能遭到拒絕，可是等會兒再試一次又會被接納。妳不需要突然從通通吃母奶改爲完全不吃，但是，假如妳（因爲生病或運氣不佳）必須突然改變，就要有心理準備，可能會碰上的棘手難題。

假如妳曉得斷奶的反應錯綜複雜，自然就會避免在斷奶時把寶寶交給別人帶。在搬新家或者搬去跟阿姨同住時斷奶，會是憾事一件。假如妳能夠提供穩定的場景，斷奶就會成爲小寶寶成長的寶貴經驗。如果沒辦法，那麼，斷奶可能是麻煩的開始。

還有一點，妳可能會發現，白天小寶寶已經成功斷奶了，可是睡前的最後一餐，還是要吃母奶才行。妳瞧，孩子在長大，可是並非隨時都在向前進。妳遲早會發現這一點的，因爲有些時候，孩子的心理年齡若能像他的生理年齡一樣大，妳就很高興了。雖然，在某些時刻，他可能會超齡；可是，偶爾他仍然是小寶寶，甚至是小嬰兒，而妳必須時時配合這些變化。

有時，妳的大兒子已經盛裝打扮，勇敢的跟敵人作戰了，還會向在場的每個人發號施令。可是，他站起來時額頭撞上桌子，剎那間突然變成小寶寶，委屈的趴在妳的大腿上哇哇大哭。妳當然預料到這一點，也曉得一歲大的孩子，有時候心理年齡只有六個月大。這些都是妳純熟的育兒心得，妳隨時都曉得孩子現在有多大。

所以，白天斷奶後，晚上可能還要繼續餵奶，不過，妳早晚是要斷得乾乾淨淨的。而且，對孩子來說，假如妳清楚自己的打算，總比無法下定決心來得好。

現在我們來看看，在妳勇敢的斷奶時，可以預期得到哪些反應。我稍早說過，小寶寶也可能自己斷奶，那樣一來妳將不會注意到任何麻煩，但即便如此，他可能會食慾降低。

通常，斷奶必須慢慢來，要在穩定的場景裡進行，也不能有特殊的麻煩出現。小嬰兒顯然喜歡新鮮的經驗。但是，我希望妳不要以為在斷奶時，出現反應甚至是激烈的反應，就是十分不尋常的。本來很乖巧的小寶寶，在斷奶時可能會失去食慾，或是痛苦的拒絕食物，甚至用暴躁的脾氣和哭鬧來表達他對吃奶的渴望。在這個階段，強迫孩子吃東西是有害的。因為，在他眼中，他暫時以為一切都變壞了，關於這一點妳是無能為力的。妳只能耐心等待，做好準備，等他慢慢回心轉意，恢復進食。

這段期間，寶寶可能會在睡夢中尖叫著醒來，這時妳只要幫助他清醒就好。或者，事情也可能進行得很順利，當然，妳還是免不了注意到孩子變得哀傷，哭聲中有新的音符，或許還轉變成音樂的調子。哀傷未必不好，不要認為傷心的寶寶，都必須抱過來逗到破涕為笑才行。他們心中是會有些感傷，只要妳肯等待，悲傷就會結束。

斷奶時，有時候小寶寶會傷心，因為環境逼出了他的憤怒，破壞了曾經擁有的美好。這時，在寶寶的夢中，乳房不再美好，他痛恨它們，乳房給他的感覺是不好，甚至是危險的。這也是爲什麼在童話中送上毒蘋果的邪惡女人，會佔有一席之地。對剛剛斷奶的小嬰兒來說，變壞的乳房其實是屬於好媽媽的，要給他們一些時間去復原，重新調整心情。平凡的好媽媽連這一點責任都不會逃避，她在一天二十四小時中，總會有幾分鐘，不得不做個壞媽媽，幸好她早就習以爲常了，小孩早晚會把她看成好母親。而且，孩子終究會長大，會了解她眞正的爲人，知道她雖不盡理想，也絕不是個壞巫婆。

所以，斷奶有個比較廣泛的層面，那就是，不僅是要讓孩子改吃其他食物，或使用杯子，或是活躍的運用雙手吃飯，它還包含了漸進的幻滅過程，而這正是父母的任務之一。

平凡的好媽媽和好爸爸，並不希望受到孩子的崇拜。他們忍耐被理想化和被痛恨的兩個極端，希望孩子最後會把他們看作平凡人，因爲他們本來就是凡人。

再談把寶寶看作有想法的人

人的發展是持續的過程，身體發育和性格發展都是如此，處理人際關係的能力也不例外。因此，錯過或糟蹋了任何一個階段，都會產生不良的後果。

所謂健康，是指「與年齡相符的成熟度」，略過某些意外的疾病不談，這個論點放在身體來看，顯然沒錯；至於心理上的健康與成熟，當然也是這麼回事。換句話說，假如在發展過程中沒有碰到障礙或扭曲，一個人的情感就會健康的發展。

假如我沒說錯，這表示父母對小嬰兒的所有照顧，不只是爲了親子樂趣而已，也是絕對必要的；少了這些呵護，小寶寶就無法長大，也無法成爲健康或有用的大人。

身體在發育時，雖然可能出錯，或是出現駝背，而養小孩，再糟也糟不過O形腿。可是在心理的發展上，小寶寶要是被剝奪了某些相當平凡但卻是必要的事物（好比關愛的摟抱），情感的發展注定波折，成長就會出現困難。反過來說，當小孩在成長中，通過了各個錯綜複雜的內在發展階段，終於有了處理人際關係的能力，父母會曉得自己的苦心養育沒有白費。這對所有人來說，都是意義非凡的，我們不得不承認，要不是有人爲我們的人生提供好的開始，我們是絕對不可能成爲健康而成熟的成人。而這個好的開始，這個養育小孩的基礎，正是我想試著描述的。

一個人的故事不是從五歲或兩歲或六個月大才開始，而是從一出生就展開，甚至在出生以前就開始；也就是說，每個小寶寶從一開始就是個人，需要有人用心來了解他。事實上，沒有任何人能像孩子的母親這麼了解他。

這兩段話把我們帶向很遠的地方，接著該如何繼續呢？心理學可以告訴我們怎樣做父母嗎？恰恰相反，我們應該研究母親和父親自然就做到的某些事情，讓他們曉得爲什麼要做這些，讓他們對自己充滿信心。

舉個例子。

先來看一對母女。母親要抱小女兒的時候，她是怎麼做的呢？抓住她的腳，把她拖出嬰兒車外，然後向上一甩？還是一手夾著香煙，一手抓著她？都不是。她的作法迥然不同。我想，她會刻意先告訴小嬰兒，她要接近囉，雙手環繞寶寶之後才移動她；事實上，她會先取得小寶寶的合作，才將她抱起來，然後，讓小寶寶趴到自己的肩膀上。接著，她是不是讓小寶寶靠在自己身上，她的頭依偎在自己的頸邊，好讓小寶寶感覺到她是個人？

再來看一對母子。她會怎樣幫小男嬰洗澡呢？是把他放在電動清洗機裡頭，讓機械自動操作？當然不是這麼回事。她曉得，洗澡對她和小寶寶來說，是一段寶貴時光，她準備好好享受一番。她恰如其分的做好機械化的部分，先用手測試水溫，再幫他塗上肥皂，小心翼翼的抱著他，絕不讓他從她的指縫間滑開，此外，她還把洗澡變成享受，增進了正在滋長中的母子關係，加強彼此的感情。

她幹嘛要如此大費周章呢？我們可以省掉肉麻兮兮的話，只單純的說，這一切都是爲了愛，因著她心中發展的母愛，因著她的眞心付出，所以她深刻了解孩子的需求。

母親不厭其煩的主動調整和配合

再回頭來談談，該如何抱起小嬰兒。母親不必刻意努力就做到了這件事，她用下面幾個階段，讓小女嬰樂於被抱起來：

(1)先給小女嬰預警；
(2)贏得她的合作；
(3)再抱住她；
(4)用她可以理解的簡單目的，把她從一個地方帶到另一個地方。

這位母親還留心，不用冰冷的手驚嚇到她的寶貝，更不會在別上圍兜時刺到她。

這位母親並不會讓自己的私人經驗和情感來影響小寶寶。有時候，小嬰兒一直哭鬧尖叫，那哭叫聲讓她覺得好像有人快要被殺了似的。然而，她還是同樣小心翼翼的將他抱起來，毫無報復之心（就算有也不多）。她小心避免讓自己的一時衝動傷害了小寶寶。其實，育兒就像行醫一樣，都是在考驗一個人是否可靠。

這一天可能又是諸事不順的一天，清單還沒準備好，洗衣店的送貨員就上門來；前門的門鈴才響起，就有人來敲後門。可是，母親會等到恢復鎮定，才用同樣溫柔的技巧去抱小寶寶；這是小寶寶認得她很重要的一面。她的技巧具有個人風格，孩子會尋找並認出這一點，就像孩子認得她的嘴唇、眼睛、顏色和氣味一樣。母親一再處理掉自己私生活中的情緒、焦慮和興奮，只把屬於寶寶的部分保留給他。這一點爲小嬰兒打下健全的基礎，讓他有辦法理解兩個人之間極度錯綜複雜的關係。

我們怎麼能夠認爲，不是母親**調整自己去配合**小寶寶簡單的理解能力，並主動去配合他的需求呢？這個主動調整，是小嬰兒情感成長的根本，尤其是一開始，小寶寶只能夠理解最單純的環境，母親必須調整自己去配合寶寶的需求。

我必須解釋一下，母親的作法爲何要如此不厭其煩，而且遠比我的簡短描述還要大費周章。我這麼描述的一個理由是，有些人眞心相信甚至還教導別人說，在小嬰兒出生後的頭六個月生命裡，母親並不重要。（據他們說）前六個月，只有育嬰技能才算數，不論在醫院或家裡，好的技能都能由訓練有素的人代勞。

然而，我確信，爲母之道雖然可以傳授，甚至能從書籍中閱讀得來，但**帶自己的小孩卻是全然個人的事，這是別人無法取代也無法做得一樣好的工作。**科學家研究這個問題時，必須先找到證據才肯相信，但母親們一定會好好堅持，孩子從一開始就需要她們。我還要補充一下，我這個意見並不是從母親那兒聽來的，或純屬猜測，或出自直覺，這是我經過長時間的研究之後，不得不下的結論。

母親的不厭其煩是因爲她覺得（我發現她這個感覺是正確的），假如小寶寶要發展得很好也很充實，從一開始就得要有母親在場。可能的話，最好是生母本人，只有她才有十分深刻的動機和興趣去體會小寶寶的感受，而且樂於讓自己成爲小寶寶的全世界。

我們當然不能說，幾週大的小嬰兒，就能像六個月大或一歲大的小孩那樣認得母親。在最初幾天，他感受到的只有母親照顧他的模式與技巧，還有她乳頭的細節、耳朵的形狀、笑容的神韻、呼吸的溫暖和氣息。小嬰兒很早就在某個特殊時刻，對母親的完整性有初步的概念。不過，除了可以感受到的部分以外，小嬰兒還需要母親持續在一旁陪伴，因爲只有完整而成熟的人，才會擁有這項工作所需要的愛和特色。

我曾經冒險說過這樣的話：「沒有所謂小寶寶這回事。」我的意思是，假如妳想要描述小寶寶，妳會發現，自己所描述的是**小寶寶和某個人**。小寶寶是無法單獨存在的，但他卻是這份關係中不可或缺的一部分。

我們也必須考慮到這位母親。假如她跟自己小寶寶的關係斷掉的話，她會失去某個東西，永遠無法重新獲得。這點顯示，我們多麼不了解母親的角色，竟然以爲把她的小寶寶抱走幾星期再還回來，她就可以從斷掉的地方重新接續母子關係。

小寶寶需要怎樣的母親？

我想談談小寶寶需要母親符合的三項條件。

(1)首先，我要說，我們需要的母親是個活生生的人。小寶寶必須能夠感受她的肌膚和呼吸的溫暖，可以品嘗和看得到她的人，這是十分重要的，孩子需要接觸得到母親活生生的身體。若是沒有母親活生生的存在，最有學問的爲母之道也是白費。醫師的存在也是同樣的道理，在小村莊開業的醫師，最主要的價值在於他是活的，需要他的時候，隨時都找得到人。村民們曉得他的汽車牌照號碼，認得他戴帽子的背影。當醫師需要好幾年的訓練，這個訓練可能要耗盡父親的積蓄；可是到頭來，眞正重要的不是醫師的學問和技巧，而是村民曉得並感覺得到，他是個活生生的人，隨時找得到他。這個醫師的生理存在符合了情感上的需求。母親的存在也像醫師一樣，而且有過之而無不及。

於是，心理和生理的照顧，在此變得難解難分，甚至合而爲一。大戰期間，我跟一群人在一起討論被戰火蹂躪的歐洲兒童，以及他們的未來。這群人詢問我的意見，問我戰後要爲這些兒童做的最重要的**心理**工作是什麼。我的回答是：「給他們食物。」有人再問我：「我們不是指生理上，我們說的是心理上的。」但我仍然認爲，在適當的時機供應食物，是在照顧心理的需求。說穿了，「愛」必須用生理形式來表達。

當然了，假如生理照顧是給小寶寶注射疫苗，就跟心理學沒有關係，除非天花在社區中蔓延開來，否則小寶寶是無法理解妳的關心的。不過，就算這樣，醫師這一針打下去仍然會讓小嬰兒痛得嚎啕大哭。可是，假如生理的照顧意味著，在適當的時機提供適當的食物（我是指，從小寶寶眼中看來是適當的），那麼這些舉動也是對心理上的照顧。這是十分有用的原則，能滿足心理和情感需求的照顧，就是小寶寶能夠欣賞的照顧，雖然它看起來似乎只跟生理需求有關。

從上述第一種條件來看，母親的存活與生理上的照顧，提供了不可或缺的心理與情感環境，這對小寶寶的早期情感成長來說，是絕對必要的。

⑵其次，母親需要將這個世界介紹給小寶寶。從事育兒工作的人，藉著他們的育兒技巧，向小寶寶引介了外在的現實、周遭的世界。這項困難的差事，一輩子都得繼續奮鬥，剛開始的時候則特別需要幫助。我會謹慎的解釋我的意思，因爲很多母親從來不曾以這種角度來思考嬰兒的餵食，醫生和護士當然也很少思考餵食行爲這個層面。

想像有個寶寶，他還不曾吃過奶。飢餓感出現時，他準備開始想像些什麼了。出於需求，小寶寶已經準備創造一個滿足的來源，可是，由於先前毫無經驗，他不曉得有什麼可期待的。這個時候，假如母親把乳房湊到寶寶預備期待什麼東西的地方，又有許多時間可以讓他用嘴和手，甚至用嗅覺到處感覺一下，他就會「創造」出他找得到的東西。最後，小寶寶會有個幻覺，以爲眞正的乳房恰好是由需求、貪婪和初次發動的原始的愛，所創造出來的。因此，他會將視覺、氣味和滋味牢記在心，再過一陣子，小寶寶可能會創造出某個像母親所能提供的乳房。然後，在斷奶前這一千次的哺乳機會中，小寶寶可能會讓這個女人（也就是母親），透過這種特殊方式，對外在現實做種種的介紹。在這一千次裡，有種感覺會一直持續下去，那就是：想要的就會被創造出來，而且找得到。因此，小寶寶會發展出一個信念，以爲這個世界含有他想要的跟他需要的一切，也才會預期，在他的內在現實與外在現實之間、在他原始的創造力與衆人共享的大千世界之間，有個活生生的連結。

因此，成功的哺乳是嬰兒教養絕對必要的一部分。同樣的，小嬰兒也需要母親好好的接收他的排泄（這個主題暫時不在這裡討論），因爲他需要母親接納他用排泄所表達的關係，這份關係早在小嬰兒可以有意識的作爲之前，和他（或許在三、四個月或六個月時）出於內疚想要開始爲貪婪的攻擊而回報母親之前，就已經全力進行了。

(3)此外，小嬰兒需要母親而非一群優秀照顧者的第三種條件，我把母親的這項工作稱爲**幻滅／覺醒**任務。當她給了小寶寶一種幻覺，以爲這個世界可以從需求和想像中被創造出來（從某方面來說，這當然是不可能的，不過，把這個課題留給哲學家去研究就好），當她對人事物建立了我所描述的，某種可做爲健康發展基礎的信念之後，她就必須再帶領孩子通過幻滅／覺醒的過程，這也是比較廣義的斷奶。大人所能提供的最好協助是，讓小孩感受到，在他承受得起全盤幻滅，以及他的創造力能透過成熟的技巧，發展成社會所接受的價值之前，大人都**希望**盡一切可能，讓小孩承受得起現實的打擊。

在我看來「囚房的陰影」[1]，似乎是詩人在描述幻滅過程及其絕對必要之痛苦。母親會逐步讓小孩接受，這個世界雖然**可能**提供他某種因需要和渴望而創造出來的東西，可是它不會自動做到，也不會在孩子的心情激昂或願望興起的時刻達成。

妳有沒有注意到，我逐漸從需求概念轉換到願望或渴望？這個轉變顯示了成長，以及對外在現實的接納，同時還伴隨著本能衝動的逐漸減弱。

爲了小孩，母親會暫時將自己擺在一旁。一開始，她先將自己放在小孩的口袋裡，最後，等小孩可以離開襁褓階段的依賴時，環境就必須調整，以便接受兩個並存的觀點：母親的和小孩的。可是，除非母親先成爲孩子的世界，否則她是無法強迫小孩離開自己（斷奶、幻滅）的。

我並不是說，假如在乳房經驗上失敗了，小寶寶的一生就毀了。用奶瓶吃奶，寶寶還是可以長得同樣健壯，只要母親有相當的育兒技巧就行。沒有母奶可餵的母親，幾乎可以在奶瓶餵奶的過程中，做到所有需要做的事。原則是，小寶寶的情感發展，一開始只能好好的建立在他跟一個人的關係上，理想上，這個人應該是母親，畢竟，還有誰能感覺到孩子的需求，並且去盡力滿足他呢！

譯註

1「囚房的陰影」（Shades of the prison-house），是十八世紀英國詩人威廉．華滋華斯（William Wordsworth, 1770-1850）的詩句。語出'Intimations of Immortality From Recollections of Early Childhood'一詩："Heaven lies about us in our infancy! Shades of the prison-house begin to close upon the growing boy."大意是指人生如監獄，襁褓之時還在天堂的懷抱，長大後便慢慢走進監獄的陰影。

寶寶天生的道德感

遲早我們都得想想這個問題：到底父母應該對成長中的小孩，灌輸多少自己的價值標準和道德信仰呢？說得淺白一點，我們關切的是所謂「訓練」這件事。而「訓練」這個字眼，讓我想起我現在想談的事情，那就是如何讓妳的孩子變得既乖巧又愛乾淨，聽話、懂規矩、友善合群、有道德感等等。我本來還想說快樂，可是快樂是教不來的。

在我看來「訓練」似乎跟養狗有關。狗的確需要訓練。我想，我們可以跟狗學點東西，那就是：主人如果拿定主意，狗狗就會比較開心；小孩也一樣，他們喜歡妳凡事都有主見。不過，狗並不需要長大成人。所以談到小孩，我們必須另闢蹊徑，最好是不提「訓練」這兩個字，看能夠走多遠。

只要育兒的環境還不錯，小嬰兒和幼兒自然會懂得是非善惡。這樣的想法固然沒錯，不過，要寶寶從本能衝動和自以爲有辦法控制萬事萬物，進展到乖巧聽話，這整個發展過程是十分錯綜複雜的。我無法告訴妳有多複雜，只能說它需要時間。只有當妳覺得這個過程是值得的，妳才可能給它機會，讓該發生的事情發生。

現在，我要談的還是小嬰兒。要從嬰兒的角度，來描述生命最初幾個月究竟發生了什麼事，實在很困難。爲了讓事情變得簡單點，不妨先來看一個畫了他生命中第五張或第六張圖畫的小男孩。

首先，我要假裝他曉得這究竟是怎麼回事，雖然他並不是真的知道。他在畫圖。他會怎麼做呢？他曉得塗鴉和搞得一團糟的衝動，但那還算不上是一幅畫。他得要保有這些原來的樂趣，又要傳達自己的想法，還要用別人了解的方式來表達。假如他完成了一幅畫，那表示他已經找到可以讓自己滿意的一套控制技巧。他會先找一張中意的圖畫紙，尺寸和形狀都得符合他的心意，然後，他打算運用練習過的某些技巧，好比，他曉得畫完成的時候得要平衡（像是房子的兩邊都要有樹），這是在表達他所需要的公平，這一點大概是他從父母那兒學來的。有趣的點必須平衡，光影和色彩的設計也一樣。這幅畫的趣味必須遍及整張圖畫紙，還得要有個中心主題，把所有的東西都串起來才行。他嘗試在這個自我設定的、可以被人接受的系統中，表達一個想法，並且保持這個想法初誕生時的新鮮感。描述這一切，幾乎讓我喘不過氣來，可是，妳的孩子卻輕輕鬆鬆的就做到了，只要妳給他一個機會。

當然了，我說過，這個小男孩還不懂，所以說不出這篇道理。至於小嬰兒就更不曉得自己心中到底發生了什麼事。

小寶寶跟這個小男孩很像，只不過起初小寶寶所表達的徵兆更模糊難懂。

這些圖畫並不是眞的塗了顏色，甚至還算不上是一幅畫。不過，這是他對這個社會的小小貢獻，只有小寶寶的媽才有辦法欣賞。一抹微笑、一個笨拙的手勢，還是一個吸吮的聲音，就道盡一切，表示他準備吃奶了。或許還有個嗚咽的聲音，讓敏感的母親曉得，只要她來得夠快，就來得及帶寶寶去上大號，否則她就得處理骯髒的排泄物。這是合作與群居感的開端，値得大費周章一番。有多少孩子在會走路、不必包尿布以後，還尿床好幾年？那是他們在夜裡重回嬰兒期，有意重新經歷一遍過往，因爲他們想要發現並矯正以前錯過的事。在這種情況下，錯過的人其實是母親，是她對寶寶的興奮或煩惱訊號的注意力不夠敏銳，而這些訊號本來可以讓她親自把不做就糟蹋了的事給做好，畢竟除了她以外，沒有別人在場。

小寶寶需要把生理經驗跟親子關係連在一起，同樣的，也需要用這項親子關係，來解決自己的恐懼。這些恐懼的性質是原始的，它的基礎是小嬰兒對殘酷報復的預期。小嬰兒感到興奮，腦中就興起攻擊或毀滅的衝動與念頭，表現出來則變成尖叫或想咬東西，而這個世界立刻就充滿了咬人的嘴巴、或是滿有敵意的牙齒、爪子與各種威脅。在這種情況下，要不是母親的保護角色，把小嬰兒早期生存經驗的巨大恐懼隱藏起來，小寶寶的世界恐怕就會變成嚇人的地方。母親（我並沒有忘記父親）以人的身分，改變了小嬰兒的恐懼性質，讓小嬰兒漸漸認出母親和其他人是人類。所以，小嬰兒有個體貼的母親，會回應小嬰兒的衝動。哪怕小嬰兒惹她傷心或生氣，她也不會報復人，不會變成小嬰兒想像中那個嚇人的魔法世界出來的人物。

當我用這種方式來說明時，妳立刻就能明白，這個報復力量是否變得人性化，對小嬰兒來說，有著天壤之別。因爲，母親會曉得眞正的毀滅以及意圖摧毀之間的差別。她被咬的時候雖然會叫一聲：「哎喲！」但是不會惹惱她。事實上，她還覺得這是恭維，是寶寶表示興奮的愛的方式。當然了，她並不容易被吃掉。叫一聲只表示，她覺得有點疼。有時小寶寶確實會咬痛乳房，特別是太早長牙齒的話。不過，母親還好端端的活著，小寶寶也有機會因這個對象的存活感到心安。這段時期，妳會拿硬的、有存在價值的東西給寶寶玩，像嘎嘎響的玩具，或是磨牙玩具，因爲妳曉得，可以安心咬個夠，對小寶寶來說，眞是個天大的安慰。

責任感的培養過程

在生命早期的環境裡，對於那些「能夠因應他的需求」或「好的」人事物環境，小嬰兒會儲存在他的經驗庫裡，逐步累積成他的自我。起初，這種累積跟小嬰兒的健康功能是無法區分的。但是，當小嬰兒有自覺的察覺到，這個環境實在太不可靠時，「好」經驗的儲存就變成和意識無關的動作。

向小孩介紹整潔和道德標準（稍後還有宗教和政治信仰）的方式有兩種：第一種是由父母將這種標準和信仰灌輸給嬰幼兒，強迫他們接受，但不嘗試將它們跟發展中的人格整合在一起。不幸的是，有些小孩的發展十分不理想，所以對這些孩子來說，就只有這種介紹方式。

第二種方法是容許並且鼓勵小嬰兒的天性朝道德發展。由於母親的敏感（這是出於母愛），小嬰兒的道德感的根源才得以保存下來。我們已經看到，小嬰兒何等痛恨浪費經驗，假如等待能夠增進人際關係的溫暖，他寧可等待，寧可忍受原始愉悅的挫折。我們也看到，母親如何用慈愛擔待小嬰兒的行動和暴力感覺。在整合的過程裡，攻擊和摧毀的衝動以及給予和分享的衝動是相關的，而且會各自抵銷對方的影響。但是，哄騙的訓練無法利用小孩的這個整合過程。

我在此所描述的，是小孩逐漸培養出責任感（其基礎是罪惡感）的過程。過程中，母親或母親角色必須繼續存在，小孩才有辦法適應自己性格中的毀滅部分。而且，這個毀滅性會越來越具有客體關係經驗的特色。這裡所指的發展階段，大約從六個月大持續到兩歲左右。過了這個階段，小孩就可以滿意的融合「毀滅這個客體同時又愛著這個客體」的念頭。這個時期，寶寶特別需要母親，需要她是因爲她的倖存價值。她既是環境母親，也是客體母親，是寶寶興奮時所愛的客體。他會逐漸整合母親的這兩個層面，逐漸變得有能力愛母親，也有能力溫柔親切的對待母親。但這個過程會讓他產生特殊的焦慮，叫做罪惡感。不過，小嬰兒漸漸能夠忍受他在本能經驗的毀滅成分裡所感到的焦慮（罪惡感），因爲他曉得，以後還有機會可以補償和修復。

這兒所暗示的平衡，比父母所灌輸的任何道德標準，有著更深刻的對錯感。但是，這一切的產生全部要靠母愛所提供的可靠環境。如果母親因爲生病、或有事、或是不舒服、或是心事重重，而不得不離開小嬰兒，我們會發現，小嬰兒對可靠的環境失去信心，產生罪惡感的能力也跟著消失了。

我們也可以把小孩想成是在發展一個內心的好媽媽，他覺得在人際關係中獲得的任何體驗，都是令人快樂的成就。當這一點發生時，母親的敏感度就可以放鬆點。同時，她也可以開始加強和充實小孩正在發展中的道德感。

此時，文明已經再次在一個新人類內心展開了，父母需要做的是預先爲孩子準備好某些道德規範，稍後他就會開始追尋這些價值了。這些道德規範的功能之一，是教化孩子有害的偏激品行，因爲孩子非常痛恨爲了順從父母就不得不犧牲自我的生活方式。教化偏激的品行固然是美事一樁，但父母千萬不要完全扼殺這份偏激的品行才好。如果父母太注重安寧與安靜，可能就會造成這種結果，因爲孩子的順從會獲得大人的立即獎賞，而大人也會太想當然爾的，把「乖巧順從」誤認爲「成長懂事」了。

本能與普通難題

說到疾病，許多演講和書籍都容易造成誤導。小孩生病時，母親需要的是可以爲寶寶看病做檢查，並且能夠好好跟她談談的醫師。至於，健康兒童所遇到的常見麻煩，又是另一回事。妳不能指望，健康的小孩就會一路順遂，毫無令人憂心焦慮的情況。指出這一點，我認爲對媽媽們是很有幫助的。

健康的孩童無疑也會出現各種症狀。

到底是什麼原因，在嬰兒期和幼年初期造成這些麻煩？假設妳能很嫻熟而一致的呵護小孩，可以說這個社會的新成員已經圓滿的打好健康的基礎。那麼，又是什麼因素，讓小孩依然出現問題呢？我想，答案主要跟嬰兒的本能有關。

此刻，妳的孩子可能正躺在那兒安靜的睡覺，或是抱著什麼東西，或是在玩耍，這是妳樂見的時刻。可是妳太清楚了，孩子健康的時候，總是每隔一陣子就又興奮起來。當然，妳可以用某種方式來看，說孩子餓了，身體有需求，有本能；也可以換另一種方式來看，這個孩子開始有興奮的念頭了。在孩子的發展上，這些興奮的經驗扮演了非常重要的角色，既促進成長，又使成長變得複雜。

在興奮期，孩子會有強迫性的需求，妳通常都可以滿足它。不過，在某些時刻，有些需求太大，大到妳也無法完全滿足。

有些需求，譬如飢餓，大家已經普遍了解，也就比較容易引起妳的注意。至於其他種類的興奮，則尚未得到廣泛的理解。

其實，身體的任何部位在某個時刻都有可能感到興奮。以皮膚爲例，妳一定見過小孩子抓臉或是其他部位，這是皮膚本身變得興奮，因而出了某種疹子。在某些時刻，某些部位的皮膚比其他部位更容易過敏。妳可以檢查孩子的全身，想出讓各部位變得興奮的各種方式，當然，絕不能遺漏性器官。這些興奮的體驗對小嬰兒來說非常重要，它們是嬰兒期清醒時分的重頭戲，興奮的念頭會隨著身體的興奮而升起。假如我說這些念頭不僅跟愉悅有關，也跟愛有關，妳應該不至於太驚訝，寶寶若是發育得順利，就會如此。小嬰兒會逐漸變得有能力去愛人，也會逐漸感覺到自己是被當作人來關愛。小寶寶跟父母、跟周圍的人之間，有非常強烈的情感連結，而寶寶的興奮跟這份愛有關。至於小嬰兒的身體，會以某些興奮方式定期讓他敏銳的感受到愛。

原始的愛帶來的衝動所引發的念頭，顯然具有毀滅性，跟憤怒也有密切的關聯，假如這項活動導致本能的滿足，小寶寶反而會感到很舒服。

在這段期間，妳很容易看到，小寶寶免不了產生極大的挫折感，是足以教他感到生氣，甚至暴怒的，但這是健康的。偶爾妳看到小寶寶暴怒，並不會以爲他生病了，反而會從這裡學習區分憤怒與悲傷，恐懼和痛苦。發怒的時候，小嬰兒的心跳快極了，假如仔細聽，一分鐘還可以數到二百二十下。憤怒表示，這個小孩的發展到了一定的程度，相信這世上已經有令他抓狂發怒的人與事了。

小孩只要感受到情緒高昂，就要冒點風險。這些興奮和憤怒的經驗，常常讓孩子很痛苦，所以，妳會發現，這個相當正常的孩子，開始想盡辦法去避免最強烈的感覺。辦法之一就是，壓抑本能，例如，小嬰兒會不讓進食的興奮達到頂點。另外一個辦法則是，接受某種食物，但不接受其他種類的食物；或者可以讓他人餵食，就是不讓母親餵。假如妳認識的小孩夠多，就可以找到各種變化。這未必是一種病。我們看到，小孩運用各種技巧來處理他無法忍受的感覺，他們必須迴避某些油然而生的感覺，因爲這些感覺太強烈了，或是因爲這個經驗會帶來痛苦的衝突。

餵食的困難在正常小孩身上十分常見，母親必須失望的忍耐長達好幾個月，甚至好幾年。在這段期間，小孩浪費了母親提供食物的努力。小孩可能只吃他吃慣的東西，拒絕任何特別準備或精緻的食物。有時候，母親必須容許小孩拒絕所有食物好一陣子，要是在這種情況下勉強小孩，只會遭遇更頑強的抗拒。如果她們耐心等待，過一陣子，孩子自然就會再開始吃東西。妳可以想像，在這種時期，沒有經驗的母親不但憂心忡忡，還需要醫師和護士來向她保證，她並沒有疏忽或傷害自己的孩子。

每隔一段時期，小嬰兒就會發展出各種祕密儀式（不只是餵食的）。對他們來說，這些祕密儀式是自然的，而且十分重要。其中，排泄過程特別令他們興奮。等成長到適當的時機，身體的性器官更是如此。不過，我們雖然很容易看見小男嬰身體的勃起，卻很難看見小女嬰感覺到性。

寶寶有自己的價值觀

對了，妳應該注意到了，小寶寶起初所認爲的「好」和「骯髒」，跟妳想的不一樣。

在興奮而愉快的排泄之後，排出來的東西很可能會被視爲好的，甚至好到可以吃，可以塗抹嬰兒床和牆壁。這聽起來很討人厭，但這是自然的過程，妳不會太介意，會心滿意足的等待他們自然的轉向更文明的情趣。日後，他們會對排泄物感到厭惡，這個轉變甚至會來得十分突然。一個愛吃肥皂和喝洗澡水的小孩，突然變得有潔癖，不吃任何看起來像大便的食物，不過是幾天前，那還是他拿著塞進嘴巴的東西。

有時候，我們會看到年紀較大的兒童退回到嬰兒狀態，那時我們就曉得，某個難題阻礙了成長之路，小孩就像是需要回到嬰兒期的領域，才能重建他在嬰兒時所擁有的權利和自然發展的法則。

母親會親眼目睹這些事情發生。身爲母親，她們也在裡面扮演了一個角色。她們寧可讓事情穩定而自然的發展，也不要強迫小孩接受自己的對錯觀念。

灌輸小嬰兒對錯模式會產生的麻煩是，嬰兒的本能會隨之而起，結果又破壞了這一切。興奮的經驗破壞了小寶寶用乖巧聽話贏得愛的努力。最後，小寶寶只會對本能的運作感到生氣，而不是覺得更加強。

正常的小孩不會過度壓抑強烈的本能感覺，所以容易造成自己的騷動不安。這些表現看在無知的觀察者眼中很像症狀。我曾經提過憤怒，好比無緣無故亂發脾氣和頑抗到底，這在兩、三歲時都很常見。還有，小孩經常做惡夢，午夜的尖叫甚至會讓鄰居懷疑妳究竟在幹什麼，其實不過是小孩做了個跟性有關的夢。

幼兒不一定是生病才會怕狗、怕醫生和怕黑，或是對聲音、陰影以及晨昏時刻模糊的形狀，充滿豐富的想像力；他們不一定有病，才容易腹痛或生病，或者在對某件事感到興奮的時候，整個人發青發紫；他們不是有病，才會有一、兩個禮拜的時間，不理會原本喜愛的爸爸，或者拒絕跟某個阿姨打招呼；他們不是有病，才想要把新妹妹丟進垃圾箱，或是爲了避免痛恨新來的小嬰兒，才殘忍的把氣出在小貓咪身上。

妳一定曉得，乾淨的小孩變得髒兮兮或乾爽的小孩變得溼答答的各種方式，也知道兩歲到五歲期間，幾乎什麼事都可能發生。妳可以把這一切通通歸爲本能的作用和本能的美妙感覺，以及小孩的想像力所造成的痛苦衝突（所有發生在身體上的事都跟意念有關）。讓我對這段關鍵年齡再做一點補充，這時期本能已經不再僅限於嬰兒期的表現方式；如果還侷限於襁褓期的用語，像「貪婪」和「骯髒」，就無法說清楚這其間成長所發生的遭遇。當健康的三歲小孩說「我愛妳」的時候，其意義就像男女間的情愛或戀愛一樣。這裡面甚至含有性意涵的普通意思，也就是包括身體的性器官，以及青少年或成年人戀愛時的意念。巨大的成長力量隱隱然在運作著。妳所需要做的，就是把家庭照顧好，做好心理準備，曉得凡事都有可能發生就好。假以時日，妳可以鬆一口氣。等孩子長到五、六歲時，成長的動亂會慢慢安定下來。青春期來臨以前，妳可以輕鬆的過幾年好日子。在這段期間，妳可以把部分的責任和工作，交給學校以及訓練有素的教師。

幼兒和其他人

小嬰兒的情感發展，從一出生就開始。假如我們要評斷一個人是如何跟其他人互動，他的人格和人生如何形成，就不能不考慮在他這輩子最初幾年、幾個月、甚至幾天，所發生的事情。在處理大人的問題時，好比婚姻，需要面對的當然多半是後來的發展。不過，在研究個人時，我們會在發現過去時，也發現了現在，發現嬰兒時，也發現大人。被稱為「性」的那些情感和想法，在很小的年紀就出現，遠比老一輩所想的還早，甚至是在生命一開始的所有人際關係範疇裡。

我們來看看，健全的小孩玩辦家家酒，扮演父親和母親時發生了什麼事。一方面，我們很確定，性會進入遊戲，雖然通常不是直接呈現，但確實可以偵測到成年人性行為的許多象徵。不過，此刻我關心的並不是這一點。從我們的觀點看來，更重要的是，這些孩子在遊戲中享受他們認同父母的能力，為此，他們顯然做了不少觀察。我們在遊戲中看到，他們建立了一個家庭，料理了家務，還共同擔負起照顧小孩的責任，甚至維持了一個體制，讓身在遊戲裡的小孩，發現自己的自發性[1]（因為假如完全任由小孩自由發揮，他們可能會被自己的衝動嚇到）。我們曉得，這是健康的；假如孩子可以這樣一起玩耍，以後就不必教導他們如何建立家庭，因為他們已經知道不可或缺的部分了。換句話說，假如人們小時候從來不曾玩過辦家家酒，是否有可能教他們建立家庭？我想大概不行。

我們雖然很高興看到小孩有能力享受遊戲，這表示他們有能力認同這個家和父母，認同成熟的外表與一點責任感，可是我們並不希望孩子整天只玩這些。沒錯，要是他們只玩這些，那可就是一種警訊了。我們期待，在下午玩這個遊戲的小孩，到下午茶時間會變成貪吃的小孩，到睡覺時間又變成互相吃醋的小孩，第二天早上還變成調皮不聽話的小孩……他們仍然是孩子。還算幸運的，他們眞正的家還存在。在眞正的家裡，他們可以繼續發現自己的自發性和個性，可以隨性的放任自己，好比說故事一樣，越說越起勁，連自己都沒料到這些精采的點子到底是打哪兒來的。在眞實人生裡，他們會運用自己的眞實父母，在遊戲裡，他們會輪流扮演父母。我們歡迎這種玩辦家家酒的遊戲，也樂見其他扮演師生、醫生護士和病人、司機和乘客的遊戲出現。

看得出來，這些都是健康的。等小孩成長到玩遊戲的階段，我們明白，他們已經經歷許多複雜的發展過程，而這些過程當然從來不曾眞正的完成。假如小孩需要可以認同的平凡甜蜜家庭，那麼在發育的初期，他們也非常需要穩定的家庭和可靠的情感環境，有機會用自己的步調，在家裡穩定而自然的進步。對了，父母並不需要知道小孩心裡的所有事情，就像父母也不需要知道所有的解剖學和生理學，就能給孩子生理上的健康。父母必須要有想像力，可以理解父母的愛不僅僅是來自內心的自然本能，也要了解父母的愛是小孩絕對需要他們的原因之一。

為寶寶的心理打下健康基礎

假如有個母親，即便是出於好意，相信小嬰兒一開始只是一堆生理學、解剖學和制約反應，她是絕對照顧不好小嬰兒的。的確，小寶寶會被餵得很好，生理健康和成長也沒有問題，可是，除非母親可以把新生兒看成有思想情感的人，否則他的心理健康就沒有穩固打下健全基礎的機會，在往後的人生中，也無法有個豐富穩定的人格來適應這個世界，成爲世界的一份子。

麻煩出在，有的母親害怕自己肩上的責任太重大，一下子就逃到教科書、法則及規定裡去。其實，只有用心才照顧得好小嬰兒。或是說，只有頭腦是不夠的，要投入情感才能做得好。

供應食物雖然只是母親讓小嬰兒認識她的方法之一，但是很重要的。我在前面提到，小孩如果從生命之初就能得到小心翼翼的哺乳和無微不至的照顧，那就已經超越任何可以回答這個哲學難題的答案了：「那東西眞的在那裡嗎？還是，那只是出於你的想像？」無論這個東西是眞的還是想像的，對他來說都無所謂了，因爲他已經找到願意**提供他幻覺**的母親，她從不間斷的長期供應，爲小孩拉近個人想像與眞實之間的鴻溝，而且近到不能再近了。

就這樣，小孩在約略九個月大時，就可以和自己以外的事物建立良好的關係。這事物是日後認得是母親的事物，這關係是足以經得起所有挫折和複雜糾葛、甚至分離的關係。至於那個被機械式和無感覺餵養的小孩，因爲沒有人會主動配合他的需求，他的處境極爲不利。假如這樣的小寶寶，還可以想像一個慈愛的母親，這個想像中的母親頂多也只是想像中的理想人物罷了。

我們隨便就可以找到這樣的母親，她們無法活在小嬰兒的世界裡，以致於小嬰兒必須活在母親的世界裡。在膚淺的觀察者眼中，這樣的小孩可能有很好的進展。一直要到青春期，甚至更晚，這孩子才會做出適當的抗議來，那時他要不是崩潰，就是心理健康出了問題。

相反的，主動而豐富的配合小寶寶的母親，她的小寶寶會有一個跟世界接觸的基礎，她還讓寶寶跟世界有很豐富的關係。當成熟隨著時間來到時，這份關係就可以不斷發展和開花結果。小寶寶跟母親這份最初的關係中有個重要的部分，那就是其中所包含的強而有力的本能驅力。在本能需求裡，小寶寶與母親從本能中倖存下來的經驗，教導了小寶寶，本能的經驗和興奮的想法是被允許的，未必會摧毀安靜型態的關係、友誼與分享。

不過，我們不能因此就下結論說，每個受到慈母小心翼翼哺餵和照顧的小寶寶，必然會發展出絕對健康的心理。早期經驗就算很美好，這些從經驗裡所獲得的一切，也必須在時間的長流中緩慢沉澱，才能聚積爲日後健全的發展。我們不可妄下結論說，每個在養育單位長大的小寶寶，或被一個毫無想像力、太害怕信任自己判斷力的母親帶大的小寶寶，就注定要進精神病院或少年感化院。事情並沒有這麼簡單。我只是爲了說得清楚一點，才故意把問題簡化了。

我們看到，在令人滿意的環境下出生的健康小孩，也就是身在母親從一開始就把他當作一個人來對待的環境，他不只乖巧善良，而且是聽話的。正常的小孩，從人生一開始，就有自己的看法。健康的小寶寶，通常都有相當麻煩的餵食難題。在排泄上，他們可能會頑抗任性。他們也經常抗議和激烈尖叫，甚至會踢母親、扯她的頭髮，或是嘗試把她的眼球挖出來，事實上，他們是討厭精。不過，他們呈現的是自然而眞誠的情感衝動，不時這裡擁抱一下，那裡慷慨一下。這類小孩的母親經歷了這些事情，發現了報償。

不知怎麼的，教科書似乎喜歡乖巧、聽話、乾淨的小孩，可是這些品德只有當小孩隨著時間成長，開始有能力認同家庭生活裡的父母，而且自然發展出來時才會有價值。我在前面的章節曾提過，這很像小孩藝術行徑的自然進展。

近來，輿論常常談到所謂「適應不良」的小孩。小孩之所以這樣，其實是這個**世界**，在他生命之初和早期階段，沒有無微不至的配合他的結果。小嬰兒如果太乖巧聽話，其實不是一件好事。這表示，父母爲了圖一時的方便，必須付出高昂的代價，而這個代價將要一付再付。如果父母受得了，就由他們來付；受不了，就要由社會來承擔。

不可或缺的自然發展經驗

我還想提一個準媽媽會關心的問題，是母子關係剛開始常見的難題。在小孩出生後的頭幾天裡，醫師是個重要人士，他不但要對一切負責，也是母親所信賴的人。在這個時刻，沒有什麼事比讓母親好好認識醫生及護士更重要的了。不幸的是，我們並不容易看到，在生理健康和疾病以及接生方面非常能幹的醫生，也同樣了解小寶寶與母親之間的情感連結。醫生要學的事太多了，我們不能期望他既是生理方面的專家，又知道最新的母親與寶寶心理學。再優秀的醫生或護士，總是有可能在無意間干擾了母親與小寶寶最初的微妙接觸。

母親的確需要醫生和護士與他們的專長，他們所提供的醫療環境，使她得以把煩惱拋到腦後。不過，在這個環境之內，她需要找得到小嬰兒，也要讓小嬰兒找得到她。她需要讓這一切自然發生，而不必遵守書中的任何規則。說到育兒，母親們不必客氣，因爲妳們才是專家，醫師和護士只要從旁協助就好。

然而，現在我們可以觀察到一個普遍的文化傾向，那就是遠離直接接觸，遠離臨床體驗，遠離所謂的粗俗，也就是裸露、自然和眞實，還有，遠離眞實生活的接觸和相互交換的傾向。

爲小嬰兒一生的情感生活打下基礎的方式，還有另外一種。我說過，從一開始，本能的需求就進入嬰兒與母親的關係裡，而隨著強烈本能出現的是攻擊成分，以及從挫折中升起的恨意與憤怒。在興奮的愛的衝動裡面所蘊含的以及相關的攻擊成分，會讓生命感受到威脅，因此大部分人多少都有點壓抑。所以，更仔細的來瞧瞧這部分的問題，可能會有些幫助。

我敢說，最原始的也是最初的衝動，感覺上是相當冷酷無情的。若說在早期的進食衝動中有毀滅的成分，那是因爲小嬰兒起初是不顧一切的。我談的當然是意念，而不只是我們看得到的眞正的生理過程。起初，小嬰兒被需求沖昏頭，然後，才以十分緩慢的速度漸漸領悟，在興奮的吃奶經驗中受到攻擊的是母親非常脆弱的部分，而母親卻是他在興奮與狂歡之間的安靜時期相當重要的一個人。在幻想中，興奮的小嬰兒粗暴的攻擊母親的身體，即使我們看到的攻擊其實是很輕微的；然後，滿足隨著餵奶的經驗而來，這時，攻擊暫停。幻想豐富了每個生理過程，並隨著小寶寶的成長而穩定的變得明確而複雜。在小寶寶的幻想中，母親的身體會被撕開，如此他才能取得並吸收到好東西。因此，有個母親可以持續照顧他一段時間，並且在他的攻擊下倖存，最後還成爲溫柔情感和罪惡感所投注的對象，假以時日，他甚至還可以關切起她的福祉，這一點對寶寶來說，實在非常重要。因爲她持續活在寶寶的生命中，寶寶才有辦法找到天生的罪惡感。這是唯一有價值的罪惡感，也是補償、重新創造與付出這些強烈慾望的主要來源。從無情的愛到侵略性的攻擊，到罪惡感，到關切，到悲傷，再到想要彌補、修復與付出的慾望之間，有個自然的發展順序。這個發展過程是嬰兒期和童年初期不可或缺的經驗。但是，除非有個母親或是代替她職務的人，可以跟小嬰兒一起經歷這些階段，使上述的各種成分得以整合，否則這個經驗是無法落實的。

還有另外一個方法，可以述說平凡的好母親爲小嬰兒所做的某些事。一般的好父母時時都在幫助小孩，區分眞實發生的事與想像中的事，他們不自覺的做著這些事，從不覺得有什麼困難。母親幫小嬰兒從豐富的幻想中挑出眞實；我們可以說，她是在保持客觀。在攻擊這回事上頭，這一點尤其重要。母親會保護自己，不被小嬰兒咬傷，也會避免讓兩歲大的小孩，拿東西戳新生兒的頭部，可是，她同時又從行爲還算規矩的小孩身上，看出具有強大毀滅性質及攻擊力道的**念頭**，只是她不會被這些念頭嚇壞。她曉得，這些念頭必然存在。當它們逐漸在遊戲和夢中出現時，她不會驚訝，甚至還會主動提供，跟小孩心中自然浮現的主題相關的故事和故事書。她不但不會試圖去阻止小孩產生摧毀的念頭，還會讓小孩天生的罪惡感得以自由發展。我們希望當小嬰兒發育成長時，天生的罪惡感會自然出現，這是我們願意等待的；畢竟，強行灌輸道德觀念，只會讓人生厭。

升格做母親或父親的時候，絕對是我們自我犧牲的時候。平凡的好媽媽不用別人提醒，就曉得在這段期間，絕不可以讓任何事情打斷小孩與她之間的關係。然而，這個媽媽是否曉得，當她自然而然的這麼做時，她不但是在爲自己的孩子奠定心理健康的基礎，而且，要不是她一開始就如此費心，小孩也無法發展出健康的心理？

譯註

1 Spontaneity 一詞在中文有隨性、自發性、偶發性等譯法，意思是指人很自在的出現某些行為。

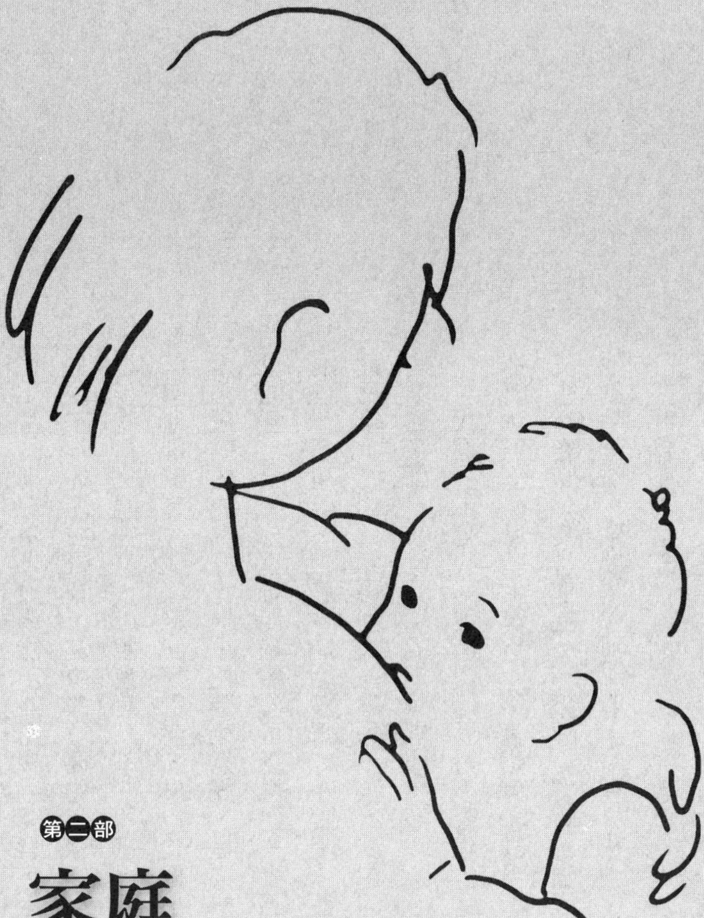

第二部

家庭

每個小孩都有權利擁有自己的小小地盤，也有權利每天佔據一點妳的（還有爹地的）時間，這是他理當得到的，而且在這小小時空內，妳是在進入他的世界。

父親該做什麼？

許多母親來找我討論這個問題：「父親該做什麼？」我想大家都很清楚，在正常的情況下，父親能不能認識小寶寶，全看母親怎麼做。父親難以參與育嬰工作的理由很多，其中最主要的就是，小寶寶醒的時候，他多半都不在家。就算父親在家，母親也有點不知所措，不知何時該請丈夫幫忙，何時又該叫他別礙事。在父親回家以前，母親先把小寶寶送上床，通常比較簡單，因爲這就像先洗好衣服、把飯菜煮好，是一樣的道理。不過，母親們也多半會同意，天天分享育嬰經驗，可以增進夫妻感情，即使那些細節在外人看來有些愚蠢可笑，但在當時對父母和小嬰兒來說，卻十分重要。從小嬰兒長到蹣跚學步的幼兒，再到大一點的小孩，其中的細節會越來越豐富，而有了這些點點滴滴，父母的感情也會更加深刻。

我曉得，有些父親剛開始面對小寶寶，會非常害羞，甚至也有些人永遠都無法對小嬰兒產生興趣；無論如何，母親都可以請丈夫幫點小忙，或是當丈夫有空時，安排他在一旁觀看小寶寶洗澡。假如他願意的話，甚至可以讓他動手幫忙。就像我先前說的，全看母親怎麼做。

我們不能想當然耳的認爲，早點請父親加入一定是件好事。畢竟，人各有異。有些男人覺得自己比妻子更適合做母親，但這種人可能很討人厭。他們會隨隨便便就跳進來，當半小時耐心十足的「母親」，然後又率性的走了，完全忽略當母親得要一天二十四小時、一年三百六十五天才行；這種父親當然特別令人討厭。另外，還有些父親或許眞的比妻子更適合當媽媽，不過，因爲客觀因素的緣故，他們仍然不能父兼母職，所以還是必須找個辦法解決難題，而不是讓母親淡出育嬰場景。還好，母親通常都曉得如何勝任母職，她們可以等丈夫想幫忙時，再讓他加入就好。

假如我們回到一開始，就能看得出來，小嬰兒第一個認識的人是母親。小嬰兒早晚會認出母親的某些特質，而這些或溫柔、或甜美的特質，也總讓我們想起母親。不過，母親也有各式各樣的嚴肅特質，例如，可能很嚴格、很嚴厲、一板一眼的；小寶寶一旦接受他無法想吃奶就有的事實後，就會非常珍惜母親的準時餵奶。我敢說，小嬰兒的心中會逐漸累積某些跟母親沒有絕對關係的特質，而這些特質最後會成爲小嬰兒對父親的感覺。實實在在有個可以敬愛的強壯父親，要大大好過把母親立下規矩、決定可否、死板又不肯變通那些特質通通都堆在父親身上。

所以，在父親以父親的角色進入小孩的生命時，他同時接收了小嬰兒對母親某些特質的感情。而這樣的接手，會讓母親大大鬆了一口氣。

父親角色的重要性

我來看看是否能分辨出父親角色的幾種不同價值。我想說的第一點是，父親需要在家，他在家能讓母親感覺身體健康、心靈快樂。小孩子對父母之間的關係其實是非常敏感的。或許該這麼說，假如家庭生活幸福美滿，最先察覺的人會是小孩，他會因此活得更輕鬆、更滿足、也更容易養育，他是以此來表達他的感激。

父母的性結合提供了堅固的事實，讓小孩可以圍繞著這個事實來建立幻想，這就好像是一塊小孩可以依靠又可以踢一踢的磐石。再者，這個事實也提供部分的自然基礎，成爲家庭三角關係的個人解答。

第二點是我在前面提過的，父親必須做母親的道德支柱，爲她的權威撐腰，並成爲律則與秩序的代言人，因爲律則與秩序向來是母親努力在小孩的生活中培養的。他並不需要隨時在場才能做到這件事，可是他必須常常出現，讓孩子曉得他是眞實存在的。小孩的生活多半都是由母親一手打理，如果父親不在家，小孩也會樂見母親有能力掌管家庭。當然，每個女人都得要能夠在言行上展現權威；可是，要她一肩挑起一切，同時扮演嚴肅的黑臉與慈愛的白臉，那麼她的負擔也未免太重了。此外，小孩最好還是雙親都在比較好，其中一個可以盡情發揮慈愛，另一個則可以成爲孩子痛恨的對象。這一點是有穩定作用的。有時，看到小孩對母親又踢又打，會讓人忍不住猜想，假如有丈夫做後盾的話，小孩很可能想踢卻又不敢踢的對象其實是父親。何況，每隔一陣子，小孩就會痛恨某個人，假如沒有父親在場來制止他，孩子就會痛恨母親，但這又會教他困惑不解，因爲小孩最愛的人正是母親。

我要說的第三點是，小孩需要父親的正面特質、他跟別的男人不同之處，以及他鮮活的性格。可能的話，在生命初期，當小孩對人間萬物的印象特別鮮活時，這就是小孩認識父親的最佳時機。當然囉，我並不是要父親們去強迫孩子接受他們和他們的人格。有些寶寶在幾個月大時，就會轉頭尋找父親，每當父親進屋時，就向他伸出小手，並留意他的腳步聲。不過，也有的小孩會對父親感到厭煩，慢慢才讓父親成爲他生命中的重要人士。有的小孩會想要了解父親的爲人；有的則把父親當成夢裡的對象，以致於根本不認識父親在他人眼中的實際模樣。不過，假如父親就在身邊，也願意了解自己的小孩，這個小孩就很幸運。而且最快樂的是，父親會大大充實他的世界。有父母共同承擔養育小孩的重責大任，這就是一個美滿的家庭。

父親可以充實孩子生命的方式太多了，幾乎不可能盡數。好比，當孩子注視父親時，至少有一部分是根據自己所看到的或是以爲自己看到的，來塑造理想的父親形象。當父親逐漸透露早出晚歸的工作性質時，孩子也會覺得，彷彿有個嶄新的世界向他展開。

在小孩的遊戲裡，有個「媽媽跟爸爸」的遊戲，內容正如妳所熟悉的，爸爸早上會去上班，媽媽在家做家事，照顧小孩。小孩對家事很熟悉，因爲家事總是在小孩的身邊發生，而父親的工作（不是他下班後的嗜好），則會拓展孩子的眼界。工匠的小孩最快樂了，因爲父親在家時總會讓孩子瞧瞧他的手藝，教小孩一起做些漂亮又實用的東西。有時，父親參與孩子的遊戲時，總能帶進一些可以融入遊戲、珍貴的新素材。此外，父親對這個世界的知識，讓他知道某些玩具或設備對孩子的遊戲既有幫助，又不會阻礙小孩的想像力自然發展。可惜，有的父親雖然是爲兒子買玩具，但卻自顧自的玩了起來，甚至還因爲太過珍惜，怕小孩弄壞玩具而不讓他玩。這種父親就是玩遊戲玩過了頭。

與父親互動是十分有價值的經驗

父親可以爲小孩做的最重要的事情，就是好好的活著，而且是在孩子幼年時期持續的活著。不過，人們很容易忘記這個簡單舉動的價值。孩子把父親偶像化是很自然的事，眞的跟父親一起生活，認識他們的爲人，甚至將他們找出來，則是十分有價值的經驗。我認得的一對小兄妹認爲，他們曾經在戰爭中有過一段美好的時光，當時父親在陸軍服役，他們獨自跟母親住在美麗的花園洋房裡，擁有生活所需的一切，甚至還遠超過所需。然而，有時他們卻身不由己的陷入一種有組織的反社會狀態，簡直要把房子拆了。如今回想起來，他們才明白，這些定期的發作是想逼父親現身，只是當時他們並不了解。那時，母親在丈夫的信件支持下，設法幫助孩子度過這段日子。妳可以想像，那位母親有多渴望丈夫能回家來陪她，好讓她偶爾休息一下，由他負責去叫孩子上床睡覺。

再來看另外一個極端的例子：我認得一個小女孩，她的父親在她出生前就過世了。這個悲劇是，她心中只有一個理想化的父親形象，可以充當她認識其他男人的基礎。她沒有父親，因此從來沒有過父親令她失望的經驗，這一生她總是把男人想像成完美無缺，起初這個影響會激發出這些男人最好的一面。可是，難以避免的是，她所認識的每個男人，遲早都會露出缺點，接著，她就會陷入絕望，不斷抱怨。可想而知，這個情感模式毀了她一輩子。又假如童年時她父親還活著，她就可以發現，他雖然完美，但是也有缺點。又假如在他令她失望因而痛恨他之後，他都還活著的話，如今她不曉得會有多快樂。

大家都知道，父女之情有時格外重要。事實上，每個小女兒都夢想過要取代母親的位置，至少做過浪漫的夢。當這種情感發生時，母親必須盡量去體諒。有些母親發現，忍受父子情誼比父女情深容易多了。不過，假如父女之間的親情，受到嫉妒和敵對的感情干擾，因而無法自然發展的話，那就太可惜了；因爲小女孩遲早會了解這種浪漫眷戀所帶來的挫折，她終究會長大，並向外尋求合乎想像又比較實際的結果。假如父母感情融洽，父親與子女的深厚親情，是不會威脅到母親的。女孩的兄弟在這事上幫了大忙，因爲，他們提供了一個踏腳石，讓姊妹的情感可以從父親和叔伯，轉移到一般男人身上。

大家也都知道，有時父子會處在爭奪母親的敵對狀態。不過，假如父母感情和樂的話，這個問題應該不會引發焦慮，當然也不會干擾到雙親穩固的情感關係。只是，小男孩的情感最爲激烈，父母應該要認眞對待。

我們都聽說過，有些小孩在孩提時代從來不曾單獨跟父親相處一整天，甚至連半天都沒有。在我看來，這是很悲慘的。我得說，母親偶爾得把父女或父子送出門，來一趟探險之旅，這是做母親的責任。這個作法必然會得到父親與子女的感激，有的人還會一輩子珍惜這些經驗。不過，要母親送小女兒和父親出門並不容易，因爲她也很想單獨跟他出去；當然，母親應該單獨跟父親出去，否則她內心不但會忿忿不平，甚至還有可能跟她的丈夫疏遠。假如她可以偶爾打發父親跟所有的孩子或至少其中一個出遊的話，這將會增加她爲人母和爲人妻的價値。

所以，假如妳的丈夫在家的話，妳會輕而易舉的發現，費心幫助他跟孩子互相了解，是絕對値得的。雖然，妳無法讓他們的關係變得充實，因爲那全看父親和孩子本身。但是，妳絕對有能力讓這樣的關係變成可能，或是不可能，甚至破壞它。

寶寶的標準跟妳的標準

我想，人人都有自己的理想跟標準。每個建立家庭的人，對於家的模樣、色調、家具以及餐桌究竟該如何擺設，都有一套想法。大部分人都曉得，成家時要挑哪種房子，究竟要住在城市還是鄉村，或是哪種電影值得一看。

我相信妳結婚時，心裡一定會想：「現在，我終於可以過我想過的日子了。」

一個正在蒐集字彙的五歲小女孩聽到別人說：「小狗照自己的意思回家去了。」她就學會了這個說法。第二天，她對我說：「今天是我的生日，所以一切都要照我的意思做。」好啦，套句這個小女孩的話，妳結婚時，心裡也會想：「現在，我終於可以照我的意思過活了。」請注意，我不是說妳當家作主一定比婆婆好，但這畢竟是按照妳的心意來持家，差別就在這裡。

假設妳有了自己的房子，妳會馬上動手按照自己的喜好去布置裝潢，並在裝上新窗簾後，邀請親朋好友來參觀。這整件事的重點是，妳打造了一個局面，可以在家裡表達自己的好惡，連妳都沒料到自己居然可以做得這麼好。顯然妳這輩子一直都在爲當家作主這件事做準備。

假如在裝潢新家初期，妳沒有爲了芝麻綠豆小事跟丈夫爭吵，那就算很走運了。好笑的是，你們的爭論幾乎總是跟這個「好」或那個「不好」有關，但眞正的麻煩其實是像那個小女孩所說的，意見衝突時，到底要按照誰的意思來做才是關鍵。假如這塊地毯是妳買的或挑選的，或是減價時撿便宜搶到手的，那就是好的；但是在妳丈夫看來，是他挑選的就是好的。可是，你們怎麼可能同時覺得那是自己挑選的呢？幸好相愛的人總是有一定程度的共同喜好，隔一陣子就相安無事；解決問題的另一個辦法靠默契，而且還不必眞的說出口，那就是：妻子用自己的方法來持家，丈夫則在工作上順了自己的意。人人都曉得，在英國，家是妻子的城堡。在家裡，男人樂見妻子掌管大權，把這個家當作她的地盤。可惜，男人在工作上的權限，通常還沒有妻子在家裡的地位高。更何況男人很少認同自己的工作，而這個情勢在技工、小本生意的老闆和小人物身上更是每下愈況。

說到女人不想做家庭主婦，這在我看來似乎忽略了一件事，那就是女人除了在自己家以外，是沒法在別的地方握有這麼大的掌控權。她只有在自己家才能勇氣十足，自由揮灑，找到完整的自我。重點是，她必須先找到一戶公寓或一棟屋子，才能施展得開，而不至於處處跟親人起衝突，更不會傷了她母親的心。

我說了這一大篇道理，是爲了讓妳曉得，小寶寶要想順自己的心意，有多困難。偏偏，寶寶又多半是一意孤行的，所以，他會壞了媽媽的計畫，這下子可就麻煩了。因爲，這個計畫是年輕母親按照自己的心意做事後，才剛剛找到的獨立意識，以及剛剛贏得的尊敬。有些女人寧可不要小孩，也不能讓孩子壞了自己的好事，這是因爲婚姻是在多年的等待和計畫之後好不容易才得來的，假如結婚無法讓她們建立自己的地盤，對她們來說，婚姻的價值就大打折扣了。

假定有個年輕妻子剛開始持家，並以此爲傲，並且這才發現，掌控自己的命運是什麼模樣；那麼，當她有了小孩時，會發生什麼事呢？我想懷孕之初，她可能還沒有想到，小嬰兒會威脅到她剛剛獲得的獨立生活，畢竟那時她要操心的事實在很多。況且，光是想到即將生小孩就令她感到興奮有趣，備受鼓舞。總之，她可能以爲小嬰兒可以符合她的計畫，也可以在她的勢力範圍內享受成長的過程。到目前爲止，一切都很順利，也難怪她認爲小嬰兒會接受家庭的文化和教養。不過，該說的話還很多，而且是很重要的。

幾乎從一開始，小寶寶就有自己的想法；假如妳有十個小孩，就可以從他們身上發現，雖然是同一個家養大的，卻沒兩個是一模一樣的。而且，十個小孩會從妳身上看到十個不同的媽媽，有的小孩會把妳看作既美麗又有愛心的母親，可是在某些時刻，當光線不對，或者妳在晚上進他的房間時，他又正好做了一個惡夢，他就會把妳看作龍或女巫，或是別的既可怕又危險的東西。

孩子是帶著他的世界觀而來

重點是，每個小孩誕生時，都帶著他自己的世界觀，還有控制自己小小世界的需求，因此每個小孩對妳的地盤，和妳小心翼翼建立又費心維持的秩序來說，都是個不小的威脅。我知道妳有多珍惜能當家作主，老實說我也替妳感到難過。

我想想看能不能幫得上忙。在這種情況下出現的困難，其實是以下這個事實所造成的：妳認爲，妳之所以喜歡自己的作法，是因爲這作法不但是正確的、合宜的、恰當的、最棒的，還是最聰明的、最安全的、最快的、最經濟的等等。妳一定常常如此合理化自己的想法，說到關於這個世界的技巧和知識，小孩根本不是妳的對手。不過，重點不在於妳的作法最好，妳喜歡它、信任它純粹因爲它是妳的，那才是妳想要掌控全局的眞正原因，有何不可呢？屋子是妳的，這甚至是妳結婚的原因之一。只有掌控全局，妳才有安全感。

是的，妳有權利要求家人遵守妳的規矩，按照妳的習慣擺放餐具，飯前先禱告，不准說髒話；不過，妳的權利基礎在於，這是妳的家，妳可以堅持妳的作法，而不是因爲妳的作法最好，雖然它的確有可能是最好的。

妳的小孩可能會期待妳曉得自己要什麼、相信什麼，他們也會受到妳的影響，並多少以妳的標準爲自己的基礎。然而重點是，孩子也有自己的信仰和理想，也想按照自己的心意尋求秩序，關於這一點，想必妳也同意我的看法。孩子並不會喜歡永無止境的混亂或永遠的自私。妳是否看得出來，假如妳太在乎要在家裡施展自己的權利，因而無法讓小嬰兒和小孩發展他與生俱來的傾向，在他的周圍、按照他自己的是非對錯去創造一個小小世界的話，結果必然會傷害他？**假如妳對自己有足夠的信心**，我想妳一定也想看看，妳可以讓小孩在妳的勢力範圍內，按照他們自己的需求、計畫和想法支配這個場面到什麼地步。「今天是我的生日，所以一切都要按照我的意思來做。」一當小女孩這麼說時，並未造成混亂；這一天跟其他日子並沒有太大不同，唯一的差別只在於，它是由小孩，而非母親、護士或女老師所創造的。

「掌控」這件事當然是母親在小嬰兒的生命之初經常做的事。她無法全然順從小嬰兒的意思，只能定期供應乳房，這已經算是次好的了。母親也常常成功的帶給小寶寶一個短暫的幻覺，在幻覺裡，他還不必承認夢中的乳房無法滿足他。然而，無論這個夢何等美妙，夢中的乳房也無法讓他長胖。所以，好的乳房還是必須屬於母親才行，而且這個母親對他來說，還要是外在的，獨立於他之外才行。對小寶寶來說，光是有想要吃奶的念頭還不夠，母親也必須要有想餵奶的想法才行。要承認這一點，對小孩來說，是很困難的，而母親可以保護小嬰兒，不要太早或太突然讓他感到幻滅。

起初，大家也都覺得小寶寶很重要。他若是要食物或因不舒服而哭泣，大家都會順他的意，直到他的需求得到滿足；他得到許可，可以盡可能任性，想弄髒尿布就弄髒，完全不需要理由。在小嬰兒眼中，母親突然變得嚴格，反倒是很奇怪的。有時候，母親只是被鄰居嚇到了，所以變得嚴格，開始所謂的「訓練」，在小嬰兒遵守她的整潔標準前，絕不放鬆。母親以為，假如小寶寶放棄希望，不再維持珍貴的自發性和任性，她就算做得很好了。其實，太早和太嚴格訓練整潔習慣，只會適得其反。一個在六個月大就乾乾淨淨的小嬰兒，一旦變得大膽對抗或強迫性的弄髒尿布，反而很難重新訓練。幸好，在許多實例裡，小孩都找到了出口，也沒有全然放棄希望；他們的自發性只是隱藏在症狀裡頭，好比尿床（身為旁觀者，又不用清洗和曬乾床單，我向來都樂於發現，過度跋扈的母親總是養出尿床的小孩；這個小孩雖然不曉得自己在做什麼，卻好似執意如此）。假如母親在維持自己的價值觀時，可以等待小孩發展出自己的價值觀，那麼回報是很大的。

假如妳讓小孩發展自己的支配權利，就是在幫助他。雖然你們的權利會起衝突，但這是很自然的，總比強迫小孩聽妳的話來得好，即使妳認爲自己的作法最好。而且，妳還有一個更好的理由：人人都喜歡按自己的方式來過日子。所以，何不讓小孩擁有房間的一個小角落，或一個小櫃子，或一小面牆？讓他根據心情、幻想和一時的興致，去弄髒或整理或裝飾他的小天地。每個小孩都有權利擁有自己的小小地盤，也有權利每天佔據一點妳的（還有爹地的）時間，這是他理當得到的，而且在小小時空內，妳是在進入他的世界。相對於作風強勢的母親，還有另一個極端，那就是根本沒有主見的母親，她會完全放縱孩子，讓他隨心所欲。這種教養方式對小孩來說，也毫無用處，根本沒人會開心，連小孩也不例外。

我們說小孩正常是什麼意思？

我們經常談難纏的小孩，嘗試描述他們，將他們的難題分類。我們也談常態或健康，可是嚴格說起來，要描述正常的小孩比較難。說到身體正常時，我們很清楚是什麼意思，它代表這個小孩的發育，在他的年齡層當中符合一般標準，沒有生理疾病。我們也曉得，智力正常是什麼意思。可是，一個身體健康、智力正常甚至聰慧的小孩，在整個人格上來說，依然有可能不正常。

我們可以從行為的角度來想，拿同年齡層的孩子來跟這個小孩比較。可是如果只為了行為，就給小孩貼上不正常的標籤，我們還是會感到猶豫不決，因為正常的標準範圍相當寬廣，人們的期望也有很大的差異。好比小孩餓了就會哭，問題是，這個小孩的年紀到底有多大？一歲大，餓了就哭算不正常？再打個比方：有個小孩從母親的錢包裡拿了一塊硬幣出來，這樣算不算正常？還是要看年紀而定。因為，兩歲大的小孩多半會這麼做。又或者，觀察兩個行為舉止看似都等著挨揍的孩子，但其中一個在現實生活中並沒有這樣的恐懼基礎，另一個在家裡則是常常挨打。再來看看，有個小孩三歲大了還在吃母奶；這在英國是很不尋常，可是在世界的其他角落，則可能是常見的習俗。總之，我們要比較兩個小孩的行為後，才能了解我們所謂的正常是什麼意思。

我們想要知道的是，小孩的人格發展是否正常，個性是否朝向健康的方向逐漸強化。但是，人格成熟過程中的阻礙無法靠小孩的聰明才智來補足。假如情感的發展在某個點上卡住了，他日後每當某種環境再次出現時，行爲就會變得像個嬰幼兒。例如，我們說某人每次一遇到挫折，就表現得像個孩子似的，變得暴躁易怒，或是心臟病就會發作。所謂正常的人，是有別的法子可以面對挫折的。

我要試著對正常的發展，說些正面的話。不過，首先我們必須承認，小嬰兒的需求和情感是非常強烈的。雖然，他跟世界的關係才剛剛開始，可是我們應該把小嬰兒看成一個人，從一開始他就有人的一切強烈感覺。人們會想盡各種辦法，試圖捕捉自己嬰幼兒時期的感覺，因爲那些感覺是如此強烈，所以特別珍貴。

在這個假設上，我們可以把幼年想成一個逐步建立信仰的過程。我們對人事物的信仰，是透過無數美好的經驗，一點一滴累積起來的。這裡「美好」的意思是夠滿意，也可以說是需求或衝動已經得到滿足與合理化了。這些美好的經驗是用來跟不好的經驗做比較的，而「不好」是我們用來描述終究免不了會產生的憤怒、痛恨與懷疑。人人都必須在自我的內在去組織一個本能慾望的秩序，從這裡開始運作自我；人人也都必須發展出自己的方法，在這個分配給他的特殊世界裡，跟這些衝動共存。但這並不容易。事實上，關於嬰幼兒，我要告訴大家的主要重點是，即使有各種美好的事存在，嬰幼兒的生活並不容易，而且根本沒有所謂沒有眼淚的生活，只有非自發性的順從。

孩子也有他的人生難題

生活本來就很艱難，任何嬰幼兒都難免顯露出遭遇困難的跡象，因此，個個都有些徵兆，而在某些條件下，這些徵兆都有可能是某種疾病的症狀。即使擁有最和諧體諒的家庭生活背景，也無法改變人人的發展都會遭遇困難的事實。況且，配合得天衣無縫的家庭，孩子反倒難以忍受，因爲他們無法透過理直氣壯的表達憤怒來獲得解脫。

所以，我們推論出下面這個想法：「正常」一詞有兩個意義。一個是給需要標準的心理學家來用，因爲他必須把不完美的一切稱之爲不正常。另一個則是給醫師、父母和老師用。當他們想要描述一個小孩終究有可能長大並成爲令人滿意的社會成員時，這個說法就派得上用場，儘管這個小孩早已清楚的呈現出症狀和造成困擾的行爲問題。

例如，有一個早產的小男孩，醫師說，他是不正常的。因爲他有十天不吸奶，母親只好把奶擠出來，裝進奶瓶來餵他。可是，這對一個早產兒來說是正常的，對一個足月的小孩來說才是不正常。後來，他到了原本該出生的那一天，才開始吃奶，吃得很慢，一切得按照他的速度來進展。打從一開始，他就很難帶，他的母親發現，只有配合他，讓他決定何時開始、何時結束，她才有可能把他帶好。在整個嬰兒期，他對每樣新鮮事物都尖叫以對，要教他習慣新杯子、新浴盆、嬰兒床，母親只能向他介紹，然後等他自己改變心意。這種我行我素的程度，在心理學家看來，已經不正常了，可是因爲有個願意百般遷就他的母親，所以我們可以說，這個小孩還算正常。我們發現生活艱難的進一步證據是，這個小孩發展出非常密集的尖叫，已經無法哄騙安慰，母親只能把他留在嬰兒床裡，然後待在旁邊等他自己恢復清醒。尖叫時，他並不認識母親。所以在他恢復清醒以前，她對他來說毫無用處；要等他清醒以後，她才能再度變成他可以運用的母親。這個小孩被送到心理學家那兒去做特殊檢查，候診時母親卻發現，不必專家幫助，她跟小孩子就能夠相互了解，所以心理學家就讓他們自己去解決問題。他可以在小孩和母親身上看到異常，可是他寧可稱之爲正常，給他們一個珍貴的經驗，運用天然的資源，自己從困境中復原。

我則是要用下面這段話，來描述正常的小孩。正常的小孩有辦法運用自然所提供的任何方法，來抵禦焦慮和難以忍受的衝突。（健康時）使用的方法，跟他能夠得到哪種幫助有關。當小孩使用症狀的能力開始呈現出限制和僵化，而且在症狀與可以預期得到的幫助之間不容易看出相關性時，就表示孩子異常了。當然，我們必須承認，剛開始小嬰兒只有一點點的能力，來判斷他到底可以得到哪種幫助，同時還需要母親的密切配合才行。

就拿每個帶小孩的人幾乎都會碰到的常見症狀——「尿床」來說吧。假如小孩藉由尿床來做有效的抗議，以此對抗嚴格的管教，並維護個人的權利，那麼這個症狀就不是病；相反的，這只表示，這個小孩希望能多少保有受到威脅的個性。在絕大部分的個案裡，尿床是在做它該做的事。假以時日，只要有普通好的照顧，小孩就有辦法根治這個症狀，並改用其他方法來主張己見。

再來看看另一個常見的症狀——拒絕食物。小孩拒吃食物絕對是正常的。我曉得妳供應的食物是好的，重點是，孩子無法老是覺得食物是好的，小孩也無法始終覺得，好的食物是他應得的。給他時間，冷靜處理，最後小孩就會發現什麼是好的，什麼是不好的；換句話說，他會像我們一樣，發展出自己的好惡。

我們稱呼小孩正常使用的方法爲症狀，我們也說，正常的小孩在合適的環境裡，有辦法呈現出任何症狀。不過，在生病的小孩身上，麻煩的倒不是症狀，而是這些症狀沒有達到應有的作用。這一點對小孩和母親來說，都是個麻煩。

所以，尿床、拒吃食物以及其他症狀，雖然都有可能是需要治療的重要徵兆，但是其實這些並不需要治療。事實上，我們認定算正常的那些小孩，也都會有上述的徵兆。有這些徵兆只是因爲生命艱難，況且對每個人來說，人生打從一開始就是艱難無比。

孩子生活困境的成因

那麼，這些困難又是從哪兒來的呢？首先，這是兩種現實之間的根本衝突所造成的：一個是人人分享的外在世界，另一個則是每個小孩自己的內心情感、想法和想像世界。從出生開始，母親就不斷介紹小孩認識外在世界的現實。在早期的餵食經驗裡，想法被拿來跟事實做比較；小孩想要的、期望的和想出來的，被拿來跟母親所供應的，跟依賴他人意志和願望才得以生存來做比較。終其一生，這個根本困境都會令他產生苦惱。即使最好的外在現實也多少令人失望，因爲這並不是想像中的，就算它可以被操控到一定程度，也不是如魔法一般的徹底控制之下。照顧小孩的人有個主要任務，就是要在小孩從幻覺到幻滅的轉變過程中提供協助，盡量隨時將小孩所面對的問題單純化。小嬰兒大部分的尖叫和亂發脾氣，都屬於內在與外在現實之間的拉鋸戰範圍，我們必須把這場拉鋸戰看成是正常的。

這項幻滅的獨特過程裡有個特殊部分，就是小孩會發現當下的衝動很有樂趣。不過，如果小孩要長大，要能夠與其他人共處的話，就必須放棄許多一時興起的自發性樂趣才行。可是，還沒有發現與擁有的東西是無法放棄的。所以，母親得先讓每個小孩感受到絕對的愛，再要求他退而求其次，這是何等困難的任務啊！在如此痛苦的學習中，衝突與抗議的確是預料中的常態。

其次，小嬰兒會很糟糕的發現，隨著興奮而來的是摧毀的念頭。餵奶時，小孩容易有衝動想摧毀美好的一切，包括食物以及給他食物的人。當小嬰兒認得他的照顧者，或者非常喜歡這個照顧者，到了餵奶時間，這個人卻自動送上門來，要求被摧毀或被榨乾時，這一點就變得非常嚇人。緊接著，他還會產生另一個感覺：假如一切都被摧毀了，那不就什麼都沒了?!到時候該怎麼辦呢？又要挨餓嗎？

所以，到底該怎麼辦呢？有時候，小孩子乾脆就不再對食物感到熱切的渴望，他的內心會因此獲得平靜，可是也失去了一些珍貴的東西，因爲沒有渴望，就得不到充分滿足的經驗。所以，我們就看到了一個症狀：健康的貪吃受到抑制，胃口也自然變差了。我們必須預期在正常的小孩身上，多少會有這樣的症狀。如果母親曉得這些小題大作是怎麼回事，就會想盡各種辦法來躲開這個症狀，她絕不會輕易陷入恐慌，還會耐心等待。這兩點在育兒時是一件好事。因爲親自負責育兒的人很冷靜，而且一直表現得很自然，到頭來小寶寶們的表現，總是令人讚嘆的。

這一切只跟嬰兒與母親這份母子關係有關。不久，在其他痲煩之上，還要加入小孩認得父親所帶來的困擾。妳在小孩身上注意到的許多症狀，都跟這個事實自然產生的難題及更廣大的牽連有關，但我們絕不會因此就不讓小孩認得父親。不管小孩是出於嫉妒、愛或愛憎交加，而出現各種症狀，都要比跳過適應外界現實這個難關，直接前進更好。

此外，弟妹的降臨所造成的不悅，同樣是令人滿意，而非可悲的事。

最後，我只想再說一點，那就是：小孩不久後就會開始創造一個私人的內心世界，在這個世界裡，戰鬥輸了又贏。在這個內心世界裡，佔有主導地位的是神奇的魔法。從小孩的圖畫和遊戲裡，妳會看到他內心世界的東西，妳一定要認眞看待。當這個內心世界在孩子眼中似乎有個位置，而且就位在身體裡面時，妳就該料想到，小孩的身體也涉入其中了。例如，各種身體的疼痛以及不快，都會伴隨著內心世界的緊張與壓力而來。小孩嘗試控制內心的現象時，將會有疼痛和苦惱。有時也會做出魔法的姿態，或者好像著魔似的跳舞，轉來轉去。當妳必須處理小孩的這些「瘋狂」舉動時，我希望妳不要以爲小孩病了。妳得料想到，小孩會對各種眞實的和想像的人、動物或東西著迷，而且這些想像中的人和動物有時會跑到外面的世界來，如果妳想要求小孩提前長大，這將造成小孩內心極大的混淆，所以妳只好假裝自己也看得到那些出現在他想像中的人和動物。假如妳不得不招待小孩想像出來的玩伴，千萬不要感到驚訝，對他來說，這些玩伴是非常眞實的。他們雖然來自他的內心世界，卻爲了某個很好的理由，暫時被留在人間。

我不想再解釋人生爲何艱難，相反的，我只想用一個友善的暗示來做結尾。小孩的遊戲能力儲存了許多東西。假如小孩可以玩遊戲，他就有空間可以容許一、兩個症狀冒出來。假如小孩有能力享受遊戲，不管是自己玩耍，還是跟其他小孩一起玩，他就不會釀出太嚴重的麻煩。假如在遊戲當中，小孩運用了豐富的想像力，而且也從對外在現實有精確認知的遊戲當中得到樂趣，那麼，妳該感到相當開心，就算這個有問題的小孩會尿床、說話會結巴、愛亂發脾氣、或是會重複陷入易怒或憂鬱的折磨之中，也沒有關係。因爲，玩遊戲顯示，只要有良好而穩定的環境，這個小孩就有能力發展出個人的生活方式，而且最終會變成一個完整的人。我們的世界期待這樣的人，也歡迎這樣的人。

獨生子女的優缺點

這一章我想討論，一般家庭裡沒有兄弟姊妹的小孩，也就是獨生子女。問題是：獨生與否，到底有什麼差別？

放眼望去，看到身邊這麼多的獨生子或獨生女，我相信只生一個孩子，必定有很好的理由。在這些個案中，當然有許多父母願意盡力生養一個大家庭，但卻受到牽絆或阻礙，無法如願以償。不過，只生一個小孩通常是刻意計畫的。我們如果追問已婚夫妻，爲什麼只想生一個？最常見的理由多半是經濟因素：「我們只養得起一個小孩。」

毫無疑問，養孩子是很花錢的。我想，隨便建議父母不必顧慮家計，未免太不智了。我們都曉得，有些缺乏責任感的男女，隨便生一堆寶寶（不論婚生或非婚生），到處遺棄。這種作法自然會讓年輕人感到猶豫不決，不敢隨便生養一大群小孩。人們如果想從金錢的角度來談，那就讓他們去談，不過，我想眞正令他們猶豫的是，他們是否有可能在不喪失太多個人自由的前提下，照顧一個大家庭。假如兩個小孩對父母的要求眞的是一個小孩的兩倍，還是事先盤算一下比較妥當。可是，我們可能會懷疑，多養幾個小孩的負擔，是不是眞的比只養一個小孩大？

請原諒我把小孩稱作負擔。孩子**確實是**個負擔，他們若能帶來喜悅，那是因爲他們是父母眞心想要的，這對父母樂意承擔這個重擔；事實上，他們達成共識，不把他稱作負擔，而叫做孩子。有個意味深長的幽默說法是：「但願你所有的麻煩都是小的！」假如我們以感情用事的態度來談論孩子，人們會乾脆放棄生小孩的念頭；母親們雖然不以淸洗和縫補衣服爲苦，但我們必須牢記這些苦差事及其所代表的無私意義。

身爲家中唯一的孩子，他當然佔了一些優勢。我想，父母如果能夠將自己完全奉獻給一個小孩，就表示他們有可能做更好的安排，讓小寶寶有個單純的嬰兒期。也就是說，這個小寶寶能享有最單純的母子關係，這個小天地會慢慢發展出複雜的事物，而且絕對不會快過發育中的小寶寶所能承受的速度。單純的生活環境可以給寶寶一種穩定感，讓他一生受用無窮。此外，我也應該提一下其他重要事項，好比父母可以輕鬆的供應食物、衣服和教育。

獨生子女所欠缺的經驗

現在，回頭來談談某些不利的地方。身爲獨生子女最顯而易見的缺點就是，缺乏玩伴，以及缺乏兄弟姊妹這些人際關係所帶來的豐富經驗。小孩的遊戲裡面有很多東西是大人無法理解的；就算大人能夠了解，他也無法像小孩一樣長期沉浸在遊戲裡面。事實上，假如大人陪小孩玩，遊戲裡面天生的瘋狂就會變得太明顯。所以，假如沒有別的玩伴，小孩就無法在遊戲中自然成長，還會錯過那些不顧後果、沒責任感和心血來潮的樂趣；這種情形會讓小孩變得早熟，寧可聽大人說話，跟大人聊天，幫母親打理屋子，或使用父親的工具。相形之下，玩遊戲就變得太蠢了。而可以一起玩耍的孩子們則有無窮的能力去發明遊戲的細節，同時還可以玩上大半天，也不感到疲倦。

不過，還有一件很重要、很珍貴的事情，那就是讓小孩經歷弟弟或妹妹加入這個家庭的經驗。事實上，再怎麼強調這個經驗的價值都不爲過。懷孕是件大事，小孩如果錯過母親的生理變化，那他錯過的可多了：起初他會發現自己無法在她的大腿上撒嬌，後來才逐漸理解箇中緣由，最後在新寶寶出現時，得到鐵證如山的證據，證明他始終暗自明白的事情，同時又看到母親恢復正常等等。雖然有許多小孩覺得，這個經驗太難理解，無法克服心中油然而生的強烈情感與衝突，可是我想，每個錯過這種經驗的小孩，由於從來不曾看見母親用乳房哺餵弟妹，或不曾看見母親爲小嬰兒洗澡、照顧小嬰兒，他們在經驗上遠比親眼目睹過的小孩，要來得貧瘠許多。或許小孩跟大人一樣也想要小寶寶，可是他們沒有辦法生小孩，洋娃娃又只能帶來一丁點的滿足，如果母親生小孩的話，他們就可以藉由代理而擁有他們。

獨生子女尤其缺乏恨的經驗。當新寶寶威脅到看似安穩的親子關係時，小孩自然會產生恨意。小孩對弟妹的出生常常感到心煩意亂，這種事情實在太稀鬆平常了，所以我們會說這是正常的。小孩對弟妹的第一個感想，通常不會太有禮貌：「他的臉紅通通的，好像蕃茄。」事實上，父母在老二出生時，聽到老大直接表達出心中的厭惡，甚至是強烈的痛恨時，應該要如釋重負。當新來的寶寶發育成長，大到可以一起玩耍，可以令人感到驕傲時，大孩子心中的恨意就會逐漸轉變成愛。不過，大孩子剛開始的反應可能是害怕或痛恨。由這個情緒產生的衝動，會讓他想把新寶寶丟進垃圾箱裡。我認爲，當小孩發現，他逐漸愛上的小弟弟或小妹妹，正是他幾週前痛恨的、希望他消失的那個新寶寶時，這個經驗對他來說是彌足珍貴的。所有的小孩都有個大難題，那就是不知該如何理直氣壯的表達恨意，獨生子女尤其缺乏機會來表達他天性裡頭的攻擊面，這可是一大缺憾。一塊兒長大的小孩們，會玩各式各樣的遊戲，有機會可以跟自己的攻擊性和解，還有珍貴的機會可以發現，當他們眞的傷害了所愛的人時，他們是會感到歉疚的。

還有一件事，那就是新寶寶的誕生表示父母除了喜歡彼此之外，也還有性的興趣存在。我認爲，透過新生兒的到來，讓孩子們得到安心的保證，確認了父母之間的關係。對小孩來說，感到父母之間還有性的吸引力，能將他們牢牢的拉在一起，維繫家庭生活的結構，這一點也是非常重要的。

有兄弟姊妹的小孩比獨生子女還多了另一個優點。在大家庭裡，孩子們有機會當兄姊或弟妹，這些人際關係爲他們做好適應將來團體生活的準備，以便能順利的進入外面的世界。唯一的小孩如果連堂表兄弟姊妹都沒有，長大以後很難隨意認識其他的男孩和女孩。獨生子女隨時都在尋找穩定不變的關係，這很容易嚇跑剛剛認識的人。相較之下，大家庭出身的小孩早已習慣認識兄弟姊妹的朋友，成長到約會的年紀時，也已經累積不少實用的人際關係經驗了。

父母的確可以爲獨生子女做很多事，許多父母也都盡力而爲了，不過他們也得經得起折磨才行。在戰爭期間，他們尤其要非常勇敢，才捨得讓小孩去打仗，雖然從小孩的角度來看，這可能是唯一可行的好事。因爲不論男孩女孩，都需要有冒險的自由，假如沒有辦法讓他們冒險，他們就會感受到嚴重的挫折。可是身爲家裡唯一的小孩，若是受傷了，恐怕會大大傷了父母的心。話雖這麼說，把小孩拉拔長大，送進社會，父母還是會有莫大的收穫。

此外，小孩長大以後還得照顧年邁的父母。如果有兄弟姊妹的話，奉養的工作就有人分擔。否則，獨生的孩子可能會被孝敬父母的願望所壓垮。或許這一點應該事先想好。父母有時會忘記這一點，因爲小孩很快就長大成人。可是小孩卻可能得（而且也想）奉養父母二十年、三十年，甚至更久；這是一個不確定的時間。假如有好幾個小孩，合力照顧年邁父母的樂趣會比較容易持續到終點。事實上，有時候年輕夫婦是想多生幾個，可是因爲有責任要照顧年邁或生病的父母，又沒有足夠的兄弟姊妹可以分擔並享受這份工作，所以無法如願以償多生幾個。

妳應該注意到了，我討論了身爲家中唯一小孩的優點與缺點，前提是這個小孩是個平凡、健康，正常的個人，又有個平凡的好家庭。我們如果想到不正常的狀況，可以說的顯然還有很多。好比，家中若有智力發育遲緩的小孩，父母必須另做打算來因應這個獨特的難題，這時，如果還得養育好幾個小孩，父母就更加爲難，因爲他們不能爲了配合一個難纏的小孩，而影響了其他正常的孩子。此外，同樣重要的情況是，小孩的父母有病，不管這病是生理的，還是心理的。譬如，有些父母老是有點憂鬱或是發愁；有的父母則是對外面的世界心生恐懼，認爲世界是不友善的，結果影響了全家。而獨生子女是必須單獨發現並處理這一切的。曾有朋友告訴我：「我有種奇怪的自閉感覺；或許是父母給的愛太多了，注意力太多，佔有慾也太強，讓我覺得自己彷彿跟父母關在一起，他們以爲他們是你的全世界，但其實早就不是了。對我來說，這是身爲獨生子女最糟糕的部分。還好我父母在這方面非常明智。在我還不太會走路時，他們就送我去上學，讓我跟隔壁的小孩住在一起，可是在家裡還是有這種奇怪的拉力，彷彿沒有什麼比得上家庭跟親情。假如家裡沒有同輩的人，這些事情是很容易讓小孩恃寵而驕的。」

妳八成以爲，我會偏好大家庭勝過只有一個小孩的家庭。不過，我寧可只有一個或兩個小孩，然後盡全力照顧好，而不要毫無止盡的生，以致於到頭來根本沒有體力和心情來照顧他們。假如家裡只能有一個小孩，妳一定要記住，妳也可以邀請別的小朋友到家裡來玩，而且要早點開始。如果兩個小孩互相爭執衝撞，並不表示他們不該認識。假如眞的沒有別的玩伴，可以養小狗或別的寵物，或者善用托兒所和幼稚園。假如妳了解，只有一個小孩的缺點多得數不完，那麼只要妳願意努力，就可以把它們的影響降到最低。

雙胞胎

談到雙胞胎，首先要說，他們是非常自然的現象，實在不需要太過擔心，也不用太驚喜。我認得許多喜歡養雙胞胎的母親，也認識許多愛當雙胞胎的雙胞胎。可是，幾乎所有的母親都異口同聲的說，如果可以選擇，她們絕不會選擇生雙胞胎。至於雙胞胎本身，就算那些看似相當安於自己命運的雙胞胎，通常也告訴我，他們寧可單獨來到人世。

雙胞胎有獨特的問題要解決。他們有優點，也有缺點。與其告訴妳該怎麼辦，還不如給妳一、兩個提示，讓妳知道主要的困難是什麼。

雙胞胎有兩種，每一種的問題都不盡相同。妳曉得，每個小寶寶都是從一個小小的受精卵發育出來的。卵子一旦受精就開始生長，然後分裂成兩個。這兩個細胞又各自分裂成兩個，再變成四個，然後四個變八個，就這樣一直分裂下去，直到這個新人類由數以百萬計的各種細胞組成，彼此相關，但是又像原來的受精卵一樣，是個完整的個體。有時候，在這個剛剛受精的卵子初次分裂後，這兩個分裂的細胞會各自獨立發育，這就是同卵雙胞胎的由來，也就是兩個寶寶從同一顆受精卵發育出來。同卵孿生的性別是相同的，外表也非常相似，至少一開始是如此。

另一種雙胞胎的性別可能一樣，也可能不一樣，他們就像其他兄弟姊妹，唯一的差別在於，他們是同時從不同的卵子發育出來。在這種情況下，兩顆卵子一起在子宮裡成長。這種雙胞胎的長相就像其他的兄弟姊妹，未必會一模一樣。

無論是哪種雙胞胎，我們常常以爲，小孩有伴眞好，永遠不會孤單，尤其是再大一點後，就可以相互作伴。不過，這裡有個意想不到的障礙存在，想要了解這一點，我們就得想想小嬰兒發育的方式。在一般情況下，如果有個普通好的育兒環境，小嬰兒出生以後就會開始打下人格和個性養成的基礎，並且會發現自己的身分。我們都喜歡無私和兼容並蓄的寬闊胸襟，也希望在自己的小孩身上找到這些美德。可是，假如我們研究小嬰兒的情感發展就會發現，無私只有建立在**最初的自私**上，之後才能用一種健康而穩定的方式出現。我們可以說，如果沒有最初的自私，小孩的無私就會充滿了怨恨。其實，這個最初的自私，不過就是小嬰兒有個好媽媽的經驗。這個好媽媽從一開始就願意盡量配合小寶寶的慾望，讓寶寶的衝動支配一切，並且願意等待，讓小寶寶隨著時間慢慢發展出容納他人意見的能力。起初，媽媽必須給小寶寶一種佔有感，讓寶寶覺得是他在控制她，並讓他以爲媽媽是爲了這個理由才被創造出來的。起初，媽媽自己的私生活並不會影響小寶寶。小寶寶骨子裡有了最初的自私經驗，以後就可以變得無私，不會有太多怨恨。

在通常的狀況下，當小寶寶單獨降臨人世時，每個小人兒都有充分的時間可以慢慢接受母親也有權利有別的興趣。大家都曉得，每個小孩都會發現另一個小孩的到來是個問題，有時候還是很嚴重的問題。不過，通常要到小寶寶度過第一個生日以後，母親才會擔心小孩是否願意跟其他小寶寶一起玩耍。而且，就算是兩歲大的孩子一開始也會打架，而非玩在一塊兒。每個小寶寶的確都需要一段時間，才能歡迎弟弟或妹妹的到來，這段時間的長短對每個小孩來說也不盡相同；只有當小孩眞的能夠「允許」母親懷孕時（也就是說，當他可以「承認」母親懷孕時），這個關鍵時刻才算到來。

好吧，姑且不說小孩允許父母增加家庭新成員的意願是如何發展的，雙胞胎可是隨時都要跟另一個小寶寶相抗衡的。

在這種時刻，我們就會看到「小嬰兒最初的幾個月，是無關緊要的小事情」這種論調錯得有多離譜，因爲雙胞胎一開始是否覺得他們都獨自佔有母親，其實是非常重要的事。雙胞胎的母親有一個額外的任務是優先於一切事情的，那就是要同時把全部的自己奉獻給兩個小寶寶。在某個程度上，她必然會失敗，所以，雙胞胎的母親只要盡力而爲，希望孩子們最終會找到一些優勢，足以彌補雙胞胎先天的困境。

一個母親不可能同時滿足兩個小嬰兒眼下的需求。不論是餵奶、換尿布或洗澡，她都不可能同時把兩個小孩抱起來。但是，她可以盡力做到公平，假如她從一開始就認眞看待這件事，以後一定會得到報償，雖然要做到這一點並不容易。

媽媽一定要會區分雙胞胎

事實上，她將會發現，她的目標並不是要公平的對待每個小孩，而是要把兩個小孩都當作只有一個來看待。那就是說，從一出生開始，她就必須尋找兩個小孩的不同之處。她必須比別人更能夠輕易的分辨出哪個是哪個，就算最初她必須靠皮膚上的小記號或別的祕訣來區分，也在所不惜。她會發現，兩個小孩的性情很不一樣，假如她把每個小孩都當作一個完整的人格，他們就會發展出自己的特色。一般認爲，雙胞胎的困難多半出自於：就算他們眞的不同，旁人總是不把他們看作不同的人。這麼做的理由要不是爲了好玩，就是因爲沒人認爲這件事值得如此大費周章。我認識一個相當好的人家，女主人從來沒學會如何分辨自己的雙胞胎女兒，其他小孩都能毫無困難的認清楚誰是誰。其實這兩個小女孩的個性真的相去甚遠，可是那家的媽媽不論喊哪一個都是叫「雙胞胎」。

自己照顧一個，把另一個交給護士，並不算是個解決之道。譬如，為了某個很好的理由（例如健康的緣故），妳可能必須跟別人分擔照顧小孩的工作。不過，這樣只是把問題延後而已，總有一天，妳交給別人帶的那一個，將會非常嫉妒妳留下來自己照顧的這一個，就算幫手做得比妳好也沒用。

雙胞胎的母親們似乎都同意，即使雙胞胎有時候喜歡被錯認為另一個，但還是需要母親一眼就可以認出他們來。關鍵是，不論哪種案例，雙胞胎小孩絕對不能搞不清楚自己的身分。想要做到這一點，生活中必須有個人能夠非常清楚的辨認出他們。我認得一個母親，她有一對同卵孿生，在外人眼中完全一模一樣，可是母親從一開始就可以輕易的分辨出來，因為他們的性情大不相同。他們出生後一星期左右，母親披上一條紅色圍巾，讓餵奶的例行公事變得複雜一點。當時雙胞胎的其中一個對這一點有了反應，一直盯著圍巾瞧，或許是因為色彩太鮮艷，他反倒對乳房失去興趣。不過，另一個並沒有受到圍巾的影響，還是像平常一樣吃奶。經過這件事之後，母親不但覺得這兩個小孩是兩個不同的人，也覺得他們已經停止活在平行的經驗裡了。這位特殊的母親克服了到底該先餵誰的難題，她的辦法是準時做好準備，到時看哪個小孩比較急切，就先餵哪個。這通常聽哭聲就知道了。當然啦，這個辦法也不是屢試不爽。

養育雙胞胎的主要難題是，應該給每個小孩個別待遇和養育，這樣每個小孩的完整性和獨特性才能得到充分的認可。就算雙胞胎長得一模一樣，母親還是需要跟每個小孩有完整的關係。

我剛剛提到的這名母親告訴我，她發現把一個寶寶放在前院花園睡覺，另一個放在後院，是個好辦法。妳或許沒有兩座花園，但還是可以做點巧心的安排，不要其中一個哭起來時，就兩個都哭了。兩個寶寶同時哭，不但妳爲難，寶寶也很可憐。因爲在哭泣的時候，寶寶也喜歡掌控場面。襁褓之初，就在天生的獨裁舞台上棋逢對手，可是會令人抓狂的，而我曉得，這種事情會影響雙胞胎一生。

我說過，長得一模一樣的雙胞胎叫做同卵孿生[1]。這幾個字當然洩漏了一切。假如小孩**真的**完全一樣，他們就是相同的，結果就會是同一個，這當然很荒謬。因爲他們只是相似，並非一模一樣，麻煩的是人們把他們當作一模一樣。我說過，假如人們這麼做，這對雙胞胎也會搞不清楚自己的身分。別說是雙胞胎了，普通的小嬰兒也會對自己的身分感到糊塗，他們要慢慢的才有自信心。妳曉得，小孩學會說話以後，要過一陣子才會使用代名詞。他們先學會說「媽」、「爹」、「要要」以及「狗狗」，然後才會說「我」、「你」和「我們」。雙胞胎坐在嬰兒車裡，很可能以為彼此是一個人。的確，小嬰兒以為坐在嬰兒車另一頭的是自己（好像照鏡子），這是比較合乎情理的，他們才不會（用小嬰兒的語言）說：「嗨，坐在我對面的是我的雙胞胎兄弟（姊妹）。」可是，當其中一個被人從嬰兒車上抱起來時，另一個就會有失落和受騙上當的感覺。這可能是任何一個小寶寶都可能面臨的困境，只不過雙胞胎是**鐵定**會有的。但是，假如我們盡到本分，曉得他們是不同的人，他們就有希望克服這個困難。以後，等雙胞胎對自己的身分相當有自信時，才有可能樂於利用彼此的相似之處。只有在這之後，而且絕對不會早於這個時間點，才是玩身分誤認遊戲的時候。

最後一點，雙胞胎喜歡彼此嗎？這得留給雙胞胎自己去回答。據我所知，「雙胞胎特別喜歡彼此」這個想法是有待研究的。他們通常接受彼此的陪伴，享受一塊兒玩耍，痛恨被人分開，卻無法說服別人，他們彼此相愛。然後，有一天，他們發現痛恨彼此，彷若毒藥，接著他們彼此相愛的可能性才終於會到來。這一點無法適用所有的情況，可是在兩個孩子不管願不願意，都不得不容忍彼此的情況下，他們無法曉得自己是否會選擇認識彼此。因此，只有在表達過恨意以後，愛才有機會。所以妳不要理所當然的以爲，妳的雙胞胎想要一生一世在一起。了解這一點是很重要的。

他們可能會，也可能不會感激妳或某些機會（像出痲疹）讓他們分開，因爲獨自一人總比有雙胞胎陪伴，更容易變成一個完整的人。

譯註

1 同卵孿生的英文是 identical twins, identical 的字義既是同卵、同源，也有一模一樣的意思，正好一語雙關，所以溫尼考特才會說，這幾個字洩漏了同卵孿生必然會長得一模一樣。

小孩為什麼愛玩遊戲？

小孩子爲什麼愛玩遊戲？下面這些理由，看似淺顯，卻值得深思。

大部分人都會說，小孩子玩遊戲是因爲他們就是愛，這當然是不可否認的。小孩樂在各種生理與情感的遊戲經驗中，而我們可以提供材料和點子，來拓展他們這兩種經驗的範圍。可是少提供一點似乎比較好，因爲小孩子自己就很會找東西，也很會發明遊戲，還會樂在其中。

我們常說，小孩子在遊戲裡「發洩了恨意和攻擊性」，彷彿攻擊性是擺脫得掉的壞東西。這種說法只說對了一部分。小孩確實會覺得壓下怒氣和生氣經驗的後果，就好像是自己內心有個壞東西。不過，我們如果換個角度來看待這件事，反而更有意義，那就是：小孩子其實很珍惜可以在自己熟悉的環境裡，表達恨意或攻擊的衝動，並且知道這個環境不會對他以牙還牙。小孩子覺得好的環境應該有辦法容忍攻擊性，特別是那些以比較可接受的形式所表達的攻擊性。我們一定要接受攻擊性的存在，因爲它就在孩子的性格裡，假如存在的東西被隱藏、被否認了，小孩就會覺得自己不誠實。

攻擊性有可能是很愉悅的，可是難免附帶對別人在眞實或想像上的傷害，所以小孩不得不處理這個難題。但要處理這一點就得從源頭下手，其中一個辦法是讓他在遊戲規則裡表達攻擊的感受，他才不會一生氣就發怒。另一個辦法是，把攻擊用在有根本建設性目標的活動裡。可是，這些事情只能一步一步慢慢來。我們的責任是，不要忽略了小孩在遊戲裡面（而非發怒時刻），表達攻擊感受的社會貢獻。我們當然不喜歡被人痛恨，也不喜歡受到傷害，可是我們絕對不可以忽略，自我修養努力克制火爆脾氣的背後涵意。

我們很容易看到小孩爲了玩而玩，卻比較難看到小孩的玩耍是爲了控制焦慮，或是爲了控制那不加以約束就會導致焦慮的想法和衝動。

焦慮向來是兒童玩遊戲的因素之一，甚至還常常是主要原因。焦慮帶來的過度威脅會導致無法自拔的強迫性或反覆性的遊戲，或是誇張的尋求跟遊戲有關的樂趣。假如焦慮過頭了，遊戲就會淪爲純粹感官滿足的工具。

我們沒有必要在這裡證明「焦慮是兒童遊戲背後的主因」這個論點。不過，實際的結果是很重要的。因爲，假如兒童玩遊戲純粹只是爲了取樂，我們就可以要求他們放棄，不要玩了。相反的，假如遊戲處理的是焦慮，阻止他們玩遊戲就會引發煩惱和眞正的焦慮，或是引發對抗焦慮的新防禦方法（好比自慰或做白日夢）。

小孩在玩耍中獲取經驗，遊戲成了他生活中的一大部分。對成年人而言，外在經驗跟內在經驗同樣豐富，可是小孩只有透過遊戲和幻想，才能夠充實自己。大人在生活經驗中發展人格，同樣的，小孩則透過自己的遊戲，透過和其他小孩、大人發明的遊戲，來發展人格。充實自己之後，兒童才能逐漸拓展他看見豐富的外在世界的能力。遊戲是創造力存在的持續證明，也就是靈感的源源不絕。

成年人能貢獻的是，承認遊戲的重要地位，並教導傳統遊戲，但是又不要限制或破壞小孩的創造力。

小孩起初會獨自玩耍，或跟母親一起玩耍，他並不需要立刻就有其他小孩做玩伴。小孩主要是透過遊戲接受其他孩子的存在，不過他們必須先融入遊戲預先設定的角色才行。就像大人一樣，有的大人輕而易舉就在工作上結交朋友或樹立敵人，有的卻在宿舍枯坐多年，懷疑爲何沒人理睬他們；小孩也是在遊戲中結交朋友和樹立敵人，要是在遊戲以外，他們就不容易交朋友。可見遊戲提供了一個啓動情感關係的機制，促使社交關係得以發展。

遊戲促成了內外現實的連結

遊戲、藝術和宗教活動各自用不同但相關的方式，促成人格的統一與全面的整合。例如，我們看到，遊戲可以將個人的內在現實與外在現實輕易的連結起來。

再換個角度來看待這件高度錯綜複雜的事情，小孩是在遊戲中，將想法跟身體功能連結起來的。透過這樣的連結，如果我們探討自慰或其他感官開發及其相關的意識或潛意識裡的幻想，並將這些拿來跟眞正的玩遊戲做比較，將會大有收穫。在眞正的遊戲裡，意識和潛意識的想法掌握了至高無上的權力，相關的身體活動如果不是暫時擱置，就是在遊戲內容中受到控制。

當我們在小孩的個案中，看到他的強迫性自慰顯然掙脫了幻想，或是在另一個小孩的個案裡，看到他的強迫性白日夢顯然掙脫了局部的或整體的身體興奮，我們才能夠看清楚，遊戲裡的健康傾向將生活中的這兩個層面——身體的功能以及源源不絕的靈感——連結了起來。遊戲是小孩努力想保持正常時，用來取代感官（sensuality）的另一個選擇。大家都曉得，小孩如果焦慮過度，就會耽溺在感官之中不可自拔，也就不可能玩遊戲了。

同樣的，當我們碰到一個小孩，看到他與內在現實的關係跟與外在現實的關係是脫離的，也就是，他的人格在這方面是嚴重分裂的，我們才可以清楚明白，正常的遊戲（像夢的記憶和述說）對人格的整合有多大的幫助。人格嚴重分裂的小孩無法玩遊戲，或者應該說，無法用一般認得出來的方式玩遊戲。今天（一九六八年補記），我要再追加四點看法：

(1)遊戲本質上是有創造力的。

(2)遊戲總是興奮刺激的，因爲它處理主觀與客觀感知之間那條不確定的界線。

(3)遊戲在小寶寶與母親之間的潛在空間（potential space）裡發生。當小寶寶感覺到跟原本與自己合爲一體的母親分開時，我們就必須重新思索這個變化所造成的潛在空間。

(4)遊戲在潛在空間的發展，是根據小寶寶不必與母親分離就可以有分離的體驗，這體驗之所以可能發生，是因爲以前和母親身心相融的狀態，如今是被母親對小寶寶需求亦步亦趨的迎合所取代。換句話說，遊戲的開始是表示，寶寶已經展開可以信任母親的生命體驗了。

幼兒的遊戲可以是「一個人坦誠面對自己」的過程，就好像穿衣之於大人。可是，這一點在很早的年紀就可以顚倒過來，因爲遊戲就像說話一樣，也可以用來隱藏我們的想法——我們指的是更爲深刻的想法。被壓抑的潛意識必須被隱藏起來，可是其餘的潛意識是每個人都想了解的。而遊戲就像夢一般，具有自我啓示的功能。

在小小孩的精神分析裡，溝通的慾望是透過遊戲，而不是使用大人的語言。三歲小孩對我們的理解能力通常很有信心，以致於精神分析師反而擔心自己達不到小孩的期望。於是，小孩在幻滅以後，產生了莫大的苦惱。他懊惱我們爲何不懂他透過遊戲所做的溝通。對於尋求更深刻了解的分析師來說，沒有什麼比小孩的這些苦惱更惱人的了。

年紀較大的孩子在這方面比較不抱幻想。被人誤解甚或發現自己會騙人，並發現教育主要是騙人和妥協的教育，都不會讓他們太震驚。不過，所有的孩子（甚至某些大人）多少都有辦法重拾被人了解的信心。在他們的遊戲中，我們總是可以找到通往潛意識的入口，重新發現他們與生俱來的誠實坦白。說來也眞古怪，這種誠實坦白，在嬰兒期以自由盛放開始，結果卻以發育不全的花蕾收場。

小孩與性

就在不久前，把性跟童年的「純眞」連想在一起，還被視爲不妥。但現在，我們卻需要精確的描述。由於未知的部分還太多，我們建議學生自行研究，假如一定要用閱讀取代觀察，那就請廣讀各家之言，不要把一家之言當作眞理的供應商。不過，本章並不是各家理論的批發零售，而是根據我所受過的小兒科醫學和精神分析的訓練與經驗，試著用我自己的話語，對童年的性慾做點描述。這個主題很龐大，但受限於篇幅，曲解的痛苦也就難以避免。

在思考兒童心理學的任何層面時，我們應該牢記一點：人人都曾經是小孩。這一點是很有用的。每個成年的觀察者心中，都保有自己嬰兒期和童年時代的完整記憶，就當時的理解來看，其中有幻想也有現實。長大以後，許多事情雖然忘了，但是一點一滴都不曾失去。還有什麼比我們的記憶，更能提醒我們注意潛意識的龐大資源呢！

我們有可能在自己身上，把某些被潛抑的潛意識，從龐大的潛意識中挑出來，這其中將會包括性的成分。然而只要一提起童年時代的性慾，立刻就發現困難重重，最好還是另起爐灶，換個主題算了。但是，從另一方面來說，假如觀察者可以自由尋找觀察的目標，不必（爲了個人的理由）對他找到的目標做太多防禦，他就可以從各種方法中挑選一個來做客觀的研究！其實，分析自己最有收穫。有意以心理學爲終生志業的人，必然會選擇這個方法，（假如成功的話）他不但可以在其中擺脫現有的潛抑，也可以透過記憶和重新體驗，發現自己幼年生活中的情感與必要的衝突。

佛洛伊德的貢獻

佛洛伊德提醒我們，一定要注意童年性慾的重要性，但他的結論是從成年人的分析中得出來的。這位分析家每完成一個成功的個案分析，就得到一個獨特的經驗。在他的獨特經驗裡，病人的童年和嬰兒期在病人面前浮現，同時也在分析家的面前揭開。他再三目睹心理疾病的自然發展史，其中交織著心理與生理的、個人與環境的、眞實與想像的、病人有自覺的以及潛抑的一切。

佛洛伊德在分析成人時發現，他們的性生活和性障礙的基礎，必須回溯到青春期，回到童年，特別是兩歲到五歲的幼年時期。

他發現有個無法描述的三角關係，只能說小男孩愛上了母親，而跟父親起衝突，彼此成了性方面的對手。這個性的成分從一個事實得到證明，那就是這些事情不只是在想像中發生而已；還有生理器官的勃起、高潮的興奮階段、殺人的衝動和一種特殊的恐懼：閹割恐懼。他辨認出中心主題，稱之為「伊底帕斯情結」[1]。伊底帕斯情結至今依然是個主要的事實，雖然歷經不斷的推敲和修正，卻無可迴避。心理學如果建立在對這個中心主題的掩蓋上，那是注定要失敗的；因此，我們不得不感激佛洛伊德勇敢說出他反覆發現的事，並且一肩承擔起大衆對他的道德非難。

佛洛伊德使用「伊底帕斯情結」一詞，是對精神分析之外、依照直覺去了解童年的作法，大表讚賞。伊底帕斯神話顯示，佛洛伊德想描述的已是衆人皆知的事。

這個理論環繞著伊底帕斯情結的核心概念做了一連串的發展。假如這個理論是以一個藝術家對整個童年性慾或童年心理的直覺理解方式提出來的話，對伊底帕斯情結的許多批評之聲，倒是可以理解。可是，這個概念就像科學程序梯子上的一階；作為一個概念，它有極高的價值，因為它同時處理了身體跟想像有關的事物。這個心理學把身體與心靈當作一體的兩面，本質上相互關聯，但不能分開檢驗，否則分析的效果就會失真。

假如我們接受伊底帕斯情結的重要性，可能立刻就想著手探問，拿這個概念當作線索來了解兒童心理，在哪些方面不恰當或不正確。

第一個異議來自精神分析家對小男孩的直接觀察。有些小男孩的確公開用言語表達他們對母親的愛慕，和他們想要娶她、甚至給她小孩的願望，以及他們因而對父親產生的恨意；可是，還有許多小男孩根本不是這麼說的，事實上，他們對父親的感情甚至超過母親。總之，兄弟姊妹、護士和叔伯姨姑有時輕易就取代了父母的位置。直接的觀察並未能證實佛洛伊德賦予伊底帕斯情結的重要程度。儘管如此，佛洛伊德還是必須堅持己見，因為在精神分析中，他經常發現伊底帕斯情結，發現它很重要，還常常發現它受到嚴重的潛抑，只有在小心翼翼和長期的分析中才會浮現。在觀察兒童時，假如仔細探究他們的遊戲就會發現：性的主題和伊底帕斯情結的主題，混雜在其他主題裡；可是，要仔細探究兒童的遊戲很困難，假如是為了研究目的而做的話，最好在分析過程裡進行。

事實上，完整的伊底帕斯情結很少在眞實人生中上演。暗示當然是有的，可是跟週期性的本能興奮有關的強烈感覺，主要還是出現在小孩的潛意識裡，否則很快就會受到潛抑。雖然如此，它還是眞實的；除非我們注意小孩子的強烈黏人、週期性興起的本能壓力，以及心中強烈的憎恨、恐懼與愛的矛盾衝突，否則我們根本無法理解，為何三歲小孩會經常發脾氣和做惡夢。

（由佛洛伊德本人所做的）對這個原始概念的一個修正就是，一個成年人在分析中，從自己的童年所尋回的非常強烈且高度渲染的性情境，未必是父母有可能觀察得到的情節，然而它還是根據童年的潛意識情感和想法所做的眞實重建。

這又將我們帶入另一個問題：那麼小女孩呢？第一個假設是，她們會愛上父親，痛恨和懼怕母親。這又是一個事實，主要部分很可能是不自覺的；除非在可信任的特殊情況下，否則這可不是小女孩願意承認的事。

小女孩的慾望

不過，有許多小女孩在情感的發展上，並沒有依戀父親，也沒有冒著跟母親起衝突所帶來的大風險。代之而起的是，她對父親的依戀是形成了，但是她跟父親的薄弱關係卻產生了（所謂的）退行。跟母親起衝突的風險的確很大，因爲（在潛意識的幻想中）關於母親的念頭，跟愛的關照、美好的食物、大地的安定以及外面的世界有關；而跟母親起衝突必然會牽涉到一種不安全的感覺，譬如夢見大地裂開，或者更糟的景況。假如小女孩只是爲了愛戀父親，就要成爲母親的競爭對手，（但從一個比較原始的方式來看，母親卻是她的初戀）那麼，這個小女孩的麻煩可就大了。

小女孩就像小男孩，也有適合這類性幻想的生理感覺。我們通常會說，小男孩在性感覺的高峰期（蹣跚學步和青春期）時，特別害怕閹割。小女孩在相對階段的麻煩卻是，因爲跟母親成爲敵手，結果就是跟物理世界產生衝突，因爲對小孩而言，母親本來就等於物理世界本身。同時，小女孩也爲恐懼所苦，就像小男孩害怕閹割一樣，她害怕敵對的母親會攻擊自己的身體，以報復她想偷走母親的嬰兒等等東西的願望。

但這個說法一碰到雙性慾（bisexuality）顯然就有漏洞了。在小孩的生活中，普通的異性戀關係雖然非常重要，但在同一時間，同性戀關係是存在的，而且相對上可能還更重要。換個方式來說，正常情況下小孩會認同每個父母，可是一次只認同一個，而這個父母並不需要跟小孩同性別。在各種情況下，小孩都有認同異性父母的能力，因此，不管小孩的眞實性別是什麼，在他所有幻想生活裡（假如可以搜尋的話），都可以發現各種類型的關係。當主要認同的是相同性別的父母，自然很方便。可是我們幫小孩做精神醫學檢查時，發現小孩主要是認同另一個性別的父母，就遽下診斷說他異常，那也是錯的。這可能是小孩對特殊環境的自然調適。在某些情況下，跨性別的認同，當然有可能是後來同性戀傾向的基礎。就算這樣，在最初性的階段與青春期之間的「潛伏」期，跨性別認同還是特別重要。

在這個敘述裡，有個被視爲理所當然的原則，或許應該說清楚。如果說性健康的基礎是奠基在童年以及重複幼年發展的青春期，同理可證，成年生活的性踰越（aberrations）與性異常，也是在幼年種下的。更進一步來說，整個心理健康的基礎，都是在幼年和嬰兒期奠定的。

小孩遊戲裡的性

通常，性的想法和性的象徵大大豐富了小孩的遊戲，假如有個強烈的性壓抑，就會衍生出某種性壓抑的遊戲。在這裡，可能會因爲對性遊戲缺乏一個清楚的定義，而產生混淆。性興奮是一回事，但將性幻想行動化，付諸實行宣洩出來則是另一回事。有身體興奮的性遊戲更是個特殊的情況，況且在童年時代，這個後果很容易陷入困境。隨著挫折爆發的攻擊性，通常象徵了小孩的高潮及其消退，但是小孩的高潮無法像過了青春期的成年人那樣，有機會可以獲得本能壓力的眞正紓解。在睡眠中，有時夢境會升高到興奮狀態，到了高潮時，身體常常可以發現取代完全性高潮的替代品，好比尿床或是從惡夢中驚醒。在小男孩身上，性高潮不可能像青春期後才開始的射精那麼令人滿意；或許，小女孩比較容易得到滿足，因爲她成熟後，除了被插入以外，並沒有什麼要增加的。對於童年這些一再出現的本能壓力時刻，父母一定要有心理準備，而且一定要爲小孩提供替代性的高潮——最方便的當然就是食物了——此外還要有派對、郊遊和特殊時刻。

父母們太清楚了，所以有時不得不強勢介入，誘發高潮，甚至一巴掌打得孩子淚水汪汪。謝天謝地，小孩終於累了，上床去睡覺。即使如此，當小孩在惡夢中醒來時，延遲的高潮還會騷擾夜晚的安寧，假如小孩要再度跟外在現實重拾關係，理解眞實世界的穩定並能鬆一口氣，就需要有母親或父親的立即安慰才行。

所有生理的興奮都有想法伴隨，或者（反過來說）想法本身就是生理經驗的伴隨物。童年常見的遊戲，除了有生理的興奮之外，還有將幻想行動化，付諸實行宣洩出來，既可獲得心理的愉悅，也可以紓解壓力，得到滿足。童年許多正常而健康的遊戲，都跟性的想法和象徵有關；這倒不是說，遊戲中的孩子一定是受到了性刺激。玩耍的時候，小孩也會感受到各種興奮的快感，並且週而復始的在身體的某些部位展現出來，好比性快感、排尿的快感、大快朵頤的快感等等，完全視興奮的部位屬哪種功能而定。對小孩來說，唯一可以獲得紓解的出路，就是一場高潮迭起的遊戲，在遊戲裡將興奮導向別的方向，譬如「一把可以砍頭的斧頭」、一個沒收物、一份獎品、抓到或「殺」了某個人、讓某人贏了等等。

我們列舉出無數性幻想被行動化宣洩出來的例子，但這未必會伴隨著身體的興奮。我們都曉得，大部分小女孩和少數小男孩喜歡玩洋娃娃，並且會像母親呵護嬰兒一樣的呵護洋娃娃。他們不但會做母親做的事，以此恭維她，也會做母親應該要做而沒做的事，以此責備她。小孩對母親的認同可能非常徹底而細節化。跟這些事情一樣，所有被行動化宣洩出來的幻想經驗都有一個生理面，肚子痛和噁心可能跟「扮媽媽」的遊戲有關。男孩女孩都會爲了好玩而挺起肚子模仿孕婦。我們常常看見小孩因爲大肚子而被帶去看醫生，其實他們只是在偷偷模仿孕婦，照理說孕婦應該不會引起小孩的注意才對。事實上，小孩總是在尋找隆起的肚子，不管妳如何巧妙封鎖一切跟性有關的訊息，他們都不可能錯過懷孕的蛛絲馬跡。不過，因爲父母的過度拘謹或是自己的罪惡感，小孩可能會把這個尚未清楚理解的訊息埋在心底。

世界各地的孩子都有個遊戲，叫做「爸爸和媽媽」，無數的想像材料豐富了這個遊戲。從每群孩子所發展出來的模式，我們可以看出許多端倪，尤其是可以了解這群孩子的主導性格。

孩子之間的確經常將成人之間的性關係型態外化出來，不過這通常是祕密進行的，蓄意觀察的人紀錄不到這些。孩子玩這類遊戲時，自然容易感到罪惡感，也一定會受到社會禁止這類遊戲所影響。我們不能說，這些性事件是有害的，但是假如它們伴隨著嚴重的罪惡感，讓小孩變得潛抑，並且無法在意識層次上理解這件事的話，那麼傷害就已經造成了。但是，只要恢復這次事件的記憶，就可以解除傷害；有時候我們可以說，這種難忘的事件，是小孩從青澀邁向成熟的漫長艱困旅途中，不可或缺的踏腳石。

另外，還有許多遊戲跟性幻想比較沒有直接關係。我並不是說，兒童心中想的只有性，不過，性壓抑的小孩就像性壓抑的成人一樣，是個比較差勁又乏味的伴侶。

小孩特有的性興奮方式

童年的性主題並不只侷限於性器官的興奮，以及跟這種興奮有關的幻想。研究童年的性慾可以發現，某種獨特的興奮感有可能從身體的各種興奮感中發展出來，轉變成容易辨識爲性慾的（更成熟的）情感和想法。成熟的一切是從原始的一切發展而來的，好比性慾是從「食人慾」的本能衍生而來。

我們可以說，不論男性或女性，從出生以來就有性興奮的能力。可是身體局部興奮的主要能力，在小孩的人格完全整合前，意義有限。所以，也可以這麼說，是小孩整個人用獨特的方式感到興奮。隨著小嬰兒的發育，性的興奮才漸漸變得比其他類型的（排尿的、肛門的、皮膚的、口腔的）興奮重要，在三歲到五歲（以及青春期）時，他也會變得有能力在健康的發育中，在適當的環境下支配其他功能。

換句話說，在成年人的行爲中，有無數的性伴隨物是源自幼年，假如成年人無法自然且不知不覺的運用嬰兒期或「前性器期」性遊戲的種種技巧，將會導致異常與貧乏的成年生活。話雖如此，若是迫不得已在性經驗中使用一種「前性器期」來取代「性器期」的技巧，則會形成倒錯（perversion），這個問題的來源是幼年的情感發展遭遇停頓了。在分析倒錯案例時，我們總是發現，病人對發展爲成熟的性以及用更原始的方式獲得滿足的特殊能力，都心存恐懼。有時候，眞實的經驗會誘發小孩回到嬰兒類型的經驗（像小嬰兒在使用栓劑時變得興奮，或者回應被護士緊緊包裹起來的興奮等等）。

從不成熟的小嬰兒長爲成熟的小孩，故事說來既漫長又複雜，但要了解成年人的心理，這曲折的故事和豐富的涵義，卻又值得深思。嬰兒和小孩如果想要自然的發育，就需要有一個相當穩定的環境。

女性性慾的根源。小女孩的性慾源頭可以直接回溯到早年母女關係的貪婪感情。起初，她會因爲飢餓對母親的身體做出攻擊，但是慢慢的發展到最後，她會成熟的希望自己能夠像母親一樣。她從母親那兒把父親「搶走」以及父親確實特別疼愛她，這兩點決定了小女孩對父親的愛；假如父親在小女孩襁褓時不在她身邊，她就無法眞的認識他，她選擇他作爲愛的對象，可能只是因爲他是母親的男人這個事實。因爲這些緣故，偷竊、性慾以及生小孩的願望之間，有個緊密的關聯。

所以，當一個女人懷孕生小孩時，她必須能夠處理這份情感，因爲在內心深處，她會覺得這個小孩是從母親體內偷來的。假如她無法感覺並曉得這一點，她就會失去懷孕所帶來的某種滿足，也會失去獻給母親一個外孫的大部分喜悅。這個偷竊的念頭在受孕後可能也會引起罪惡感，因而造成流產。

我們尤其應該曉得，在產後的實際看護上，這種罪惡感很可能會浮現，在那個時候，產婦對於到底是哪一型的女人來照顧她和小孩，是非常敏感的。

她需要幫忙，可是由於這些來自幼年的念頭，在那個時候，她只能信賴一個非常友善或非常有敵意的母親角色。生第一胎的母親，即使心理健全，也可能覺得護士好像在迫害她。這個狀況的緣由以及形成其他母性特有現象的理由，必須要到小女孩跟母親早年關係的根源裡去尋找，包括她想把女人味從母親的身體撕下來，據爲己有的原始願望。

心身症與兒童性慾的關聯

另一個值得仔細陳述的原則是：在精神醫學裡，每種變態都是情感發展受阻的結果。在治療上，有種療法是促使病人在情感發展受阻的地方突圍前進。要到達受阻的這一點，病人必須回到幼年或嬰兒期，這個事實對小兒科醫生來說應該極爲重要。

心身症。這是對執業的小兒科醫生來說，兒童性慾有直接重要性的一種狀況，也就是：從性興奮轉化的症狀和生理變化，如同生理疾病所帶來的症狀和變化一般。這些症狀被稱爲心身症，在醫療中十分常見。一般的執業醫生就是從這些症狀當中，篩檢出需要專業醫生治療的那些偶爾在教科書中出現的疾病。

這些心身症並沒有季節性或流行性；不過，在任何小孩身上，它們都有週期性發作的跡象，但是並不規律。這個週期性的發作只表示潛藏的本能壓力會重複出現而已。

每隔一陣子，小孩就會變成一個興奮的生命，有一部分原因是來自內在，另一部分則是受到環境因素的刺激。「打扮好了卻無處可去」這個說法簡直就是專門用來描述這個狀態的。研究這個興奮究竟發生了什麼事，幾乎等於是研究童年以及兒童的問題，也就是如何保有熱切及興奮的能力，又不必因爲缺乏滿意的高潮而經歷太多痛苦挫折。小孩克服這個難題的主要方法有：

(1)喪失熱切的能力；可是這樣一來，身體也會失去感覺，還有許多別的不利之處。

(2)利用某種可靠的高潮：要不是吃東西就是喝東西，再不就是自慰、興奮的排尿排便、亂發脾氣、爭吵。

(3)用一種可以達到假高潮的方式造成身體功能的倒錯——嘔吐、拉肚子、暴躁、過度誇大鼻黏膜炎，或是抱怨本來不會受到注意的痠疼和疼痛。

(4)混合使用上述方法，有段時間會感到不適，譬如頭疼和失去胃口，或是有段時間感到暴躁，或者有某些組織容易感到興奮（好比症狀群生的狀況，用當今的說法就是「過敏」）。

(5)有一組興奮變成慢性的「神經質」，這種情形可能持續好長一段時間（「常見的焦慮不安」可能是童年最常見的失調）。

跟情感狀態以及情感發展失調有關的身體症狀和變化，都在小兒科醫師關注的廣泛與重大主題範圍內。

小孩會需要正常的自慰

我們說到童年的性慾時，免不了要提及自慰，這又是一個廣泛的研究主題。自慰有可能是正常的或健康的，也有可能是情感發展失調的症狀。強迫性的自慰，像不由自主的摩擦大腿內側、咬指甲、前後搖晃身子、撞頭、搖頭或打滾、吸吮大拇指等等，都是某種焦慮的證明。假如是嚴重的強迫性，那就是孩子用來對抗比較原始或精神病類型的焦慮，好比害怕人格完整感的裂解，或是害怕喪失身體的感覺，或是害怕跟外面的世界失去接觸。

最常見的自慰問題可能是對自慰的壓抑，或是自慰根本從小孩的自我防禦機制中徹底消失，這種自我防禦機制是小孩專門用來安撫心中無法忍受的焦慮、被剝奪的感受或是失落感。小嬰兒的生活從吃自己的小拳頭開始，而他的確需要這個能力來安慰自己。就算他只要感到飢餓就有權利吸母奶，他的嘴巴還是需要吸自己的手。經過嚴格調教以後，他竟然還是如此需要它。在整個嬰兒期，他需要能夠從身體、從吃拳頭、從排尿、從大便，以及從握陰莖得到所有的滿足。小女嬰也有類似的對應滿足。

普通的自慰只是運用自然的資源來滿足自己，藉以對抗挫折和隨之而來的憤怒、恨意與恐懼。強迫性的自慰卻暗示，要處理的焦慮已經過量了。小嬰兒可能需要縮短餵奶的間隔或是更多的呵護；他也可能需要知道，隨時都有人在一旁陪著他，但是，也有可能是母親太焦慮了，應該讓他多在嬰兒床上安靜的躺著，減少跟她的接觸。如果自慰成爲症狀，試著處理隱藏的焦慮是合理的，試圖停止自慰卻是不合邏輯的。不過，我們必須了解，在極少數的個案當中，不斷自慰實在太累人了，不得不用潛抑的手段來加以阻止，這純粹只是爲了讓小孩從症狀中得到解脫。當我們用這種方法幫忙小孩解脫時，新的困難會在孩子的青春期再度出現，可是需要立刻獲得解脫的需求是如此急迫，相較之下幾年後的麻煩似乎就無關緊要了。

如果一切都很順利，伴隨著性念頭的自慰就會在不引起注意的情況下發生，或者只能從小孩的呼吸變化或滿頭大汗，看出端倪。不過，當強迫性的自慰碰上壓抑的性感覺，麻煩就來了。在這種情況下，小孩會被他努力想製造卻無法輕易獲得的滿足和高潮，搞得精疲力竭。要放棄又會喪失現實感，或失去價值感；要持續下去，又會導致生理上的衰弱以及象徵衝突的黑眼圈，而這個黑眼圈通常被誤以爲是自慰引起，而惡名昭彰。有時用父親的威嚴幫助孩子脫離僵局，反而是一種善意的表現。

小孩在生殖器興奮經驗前的性慾

兒童的精神分析研究（就像大人的一樣）顯示，男性的生殖器在潛意識中受到的評價，比直接觀察所顯示的還要高，雖然，如果獲得許可的話，許多孩子也會公開表達他們對陰莖的興趣。小男孩珍惜自己的生殖器，就像珍惜自己的腳趾頭和身體的其他部位一樣，他們一旦經驗過性的興奮後，就曉得陰莖有獨特的重要性。跟愛的情感連在一起的勃起決定了閹割恐懼的出現。小男嬰的陰莖興奮有相對應的幻想，早期的勃起多半都靠這類幻想。

生殖器的興奮究竟是從什麼時候開始的，還沒有定論。有人認爲，在襁褓初期，生殖器的興奮有可能幾乎完全不存在；也有人認爲，勃起可能從一出生便已開始。用人爲的方式喚醒陰莖的興奮當然沒有好處。割禮後的包紮似乎有可能經常刺激勃起，結果使勃起跟疼痛產生不必要的關聯，這也是爲何（除了宗教因素之外）幾乎永遠不該割除包皮的許多原因之一。在身體其他部位建立起各自的重要性之前，生殖器的興奮最好不要變成顯著的特徵比較好。對小嬰兒的生殖器做人爲的刺激（不論是手術後的包紮，或是沒有受教育的奶媽想要哄嬰兒入睡），當然是個問題，畢竟小孩天生的情感發展過程已經夠複雜了。

對小女孩來說，小男孩外顯而一目了然的生殖器（包括陰囊），很容易成爲她嫉羨的對象，尤其是當她與母親的依戀關係是沿著男性認同的方向發展時。不過，事情並沒有這麼簡單，大部分的小女孩對自己比較隱密但是同等重要的生殖器顯然相當滿足，未必會羨慕小男孩比較脆弱的男性附屬器官。小女孩遲早會懂得乳房的價值。乳房對她來說，幾乎跟小男孩的陰莖一樣重要。當小女孩曉得，她有能力可以懷孕生小孩和哺乳，小男孩卻做不到這一點時，她就曉得沒有什麼好嫉妒的。不過，假如她被焦慮逼得必須從普通的異性戀發展，退回到所謂的固著（fixation）於母親或母親角色，而需要表現得像個男人時，她必然會嫉妒男孩。假如大人不許小女孩或小女孩不許自己知道，她的身體有個興奮而重要的生殖器，或者不被容許去提及它的話，那麼她嫉妒陰莖的傾向就會增加。

陰蒂興奮跟排尿的情慾（erotism）有密切的關聯，會提供小女孩較多隨著男性認同而來的那種幻想。透過陰蒂的情慾，小女孩曉得小男孩的陰莖情慾是什麼感覺。同樣的，小男孩的皮膚也可以體驗會陰的感覺，相當於女孩子的女陰感覺。

這跟兩性都有的正常特徵「肛門情慾」相當不同，雖然肛門情慾跟口腔、尿道、肌肉和皮膚的情慾，一起提供了早期的性根源。

在社會學、民俗學以及原始民族的神話和傳說中，不乏用象徵形式崇拜父系或祖先陽具的證據，證明性的影響十分深遠。在現代家庭裡，這些事情雖然被隱藏起來，但還是跟往昔一樣重要，其重要性會在小孩的家瓦解時出現，小孩在瞬間失去了自己依賴成習的象徵，所以他漂流在海上，失去羅盤，茫然無依，萬分苦惱。

性絕非構成一個小孩的唯一要件。就像你最喜歡的花朵不是只有水分一樣；不過，植物學家在形容植物時若是忘了提及水分——植物的主要成分——可是會失職的。五十年前，心理學有過一個眞正的危險，那就是險些遺漏了小孩生活裡的性，一切只因爲童年的性慾在當時還是個禁忌。

性本能用一種高度複雜的方式，在童年集合性的一切要素。性的存在讓健康小孩的一生變得豐富而複雜。童年的許多恐懼，都跟性的想法和興奮，以及隨之而來的有意識的和潛意識的精神衝突有關。許多心身症都跟小孩的性生活難題有關，尤其是重複發生的那種。

青春期和成年的性慾基礎是在童年打下的，所有的性倒錯和麻煩的根源也是如此。

要避免成年人的性失調，避免所有的精神疾病和心身症，除了純屬遺傳的部分以外，都是在照顧嬰兒和小孩的人們管轄之內。

譯註

1伊底帕斯情結（Oedipus complex），又譯為戀母情節。伊底帕斯王是古希臘詩人索福克里斯（Sophocles）筆下的悲劇人物，神諭說他長大後會弒父娶母，所以出生後就被父母丟棄，不料長大後卻應驗了命中注定的悲劇。佛洛伊德用伊底帕斯王家喻戶曉的傳奇故事來形容他所發現的戀母情節。

偷竊與撒謊

養育過幾個健康小孩的母親都曉得，每隔一陣子，小孩就會出現棘手的問題，尤其是兩歲到四歲之間最麻煩。有個小孩好一陣子每到晚上就尖叫，鄰居們都以爲遭到虐待了。另外一個則堅決抗拒整潔訓練。有一個太乾淨、太乖巧了，母親反而擔心這個小孩會缺乏自發性和進取心。還有一個小孩動不動就生氣抓狂，還會撞頭和屏息，搞得母親束手無策，小孩自己也憋得整張臉都發青，快要抽搐了。這種事在家庭生活中層出不窮，說都說不完。在這些常見的麻煩當中，有個特別棘手，有時甚至還會變成特別困擾的問題，那就是偷竊的習慣。

小孩經常從媽媽手提袋裡拿出銅板來，這通常沒什麼大不了的。把袋子裡的東西翻出來，雖然會把東西搞得一團亂，但是媽媽多半會包容小孩的習慣。當她費心去注意這件事時，其實是挺樂的。她可能會準備兩個袋子，一個永遠不會讓小孩拿到，另一個則是平常用的，可以讓幼兒探索。小孩逐漸長大後，便會改掉這個習慣，沒人會在意。就連母親也理所當然的認爲，這是很正常的，不過是小孩跟她的最初關係中的一部分，也算在小孩跟所有人的人際關係範圍內。

不過，有時候，當小孩拿了母親的東西，又藏起來時，母親眞的會很擔心，因爲她曾有過非常不愉快的經驗：會偷竊的大孩子。沒有什麼比一個會偷竊的大孩子（或大人），更容易攪亂一家的和樂。這時，妳不但無法信任每個人，也不能隨意亂放東西，還得想辦法保護貴重物品，像金錢、巧克力、糖果等等。在這種情況下，就像是家裡有人生病了一般。只要一想起來，就令人渾身不舒服。人們面對偷竊時，就好像聽到自慰這個字眼時一樣，總有些惶惶不安。除了曾經面對過小偷以外，人們還發現自己一想到偷竊，就會感到心煩意亂，因爲孩提時代人人都跟自己的偷竊傾向掙扎過。就是因爲對公然偷竊有種不舒服的感覺，所以母親對小孩拿自己東西的正常傾向，才會產生不必要的憂慮。

仔細一想我們就曉得，尋常的家庭裡雖然沒有所謂小偷這樣的病人，還是有很多偷竊的行爲在發生，只不過不會叫做偷竊罷了。小孩到廚房拿一、兩塊小麵包，或者去櫃子拿一塊糖，這些行爲在好人家裡，沒人會說這個小孩是小偷（可是，在養育單位裡，做出同樣行爲的小孩卻會受到處罰並留下污名，因爲那裡的規矩碰巧就是如此）。父母必須制定家規，才能夠讓這個家興旺。他們可能必須制定一條規矩，規定小孩可以隨時去拿麵包或某種蛋糕，但不可以拿特別的蛋糕，也不可以去儲藏櫃拿糖吃。這類事情總是來來回回反覆發生，而家庭生活多半就是在解決親子之間的這類關係。

孩子為什麼偷東西？

可是，一個經常偷蘋果，而且很快就把它們送出去，並沒有留下來自己享用的小孩，其實是不由自主的，是病了。妳可以說他是個小偷，但他並不曉得自己爲什麼會做出這樣的事，假如硬要逼他說出個理由，他就會變成撒謊的小孩。問題是，這個小男孩到底在做什麼？（這個小偷當然也有可能是個小女孩，可是每次都使用兩個代名詞實在太蠢了）**這名小偷尋找的並不是他所拿的東西，他是在找一個人，找他的母親，只不過他自己不曉得罷了。**對這名小偷來說，能夠給他滿足的，不是百貨公司的原子筆或鄰居的腳踏車，或園子裡的蘋果。生這種病的小孩，無法享受與擁有他所偷的東西，他只是在將某種原始的愛的衝動，藉助一個幻想的形式，將它行動化宣洩出來而已，他頂多只能享受這個行動化的宣洩，以及他熟稔的技巧。事實上，在某個意義上，他已經跟母親失去聯繫了；這個母親可能還在，也可能不在了。或許，她就在那兒，是個完美的好母親，有能力給他源源不絕的愛。可是，在小孩眼中，有個東西卻不見了。他可能很喜歡母親，甚至愛上了她；可是從比較原始的意義來看，基於某個緣故，對他來說，她已經不見了。偷竊的小孩是個尋找母親的小嬰兒，他在尋找**有權利向她偷東西的人**；事實上，他找的是可以向她拿東西的人，就好像嬰幼兒時他可以拿母親的東西一樣，而這一切只因爲她是他的母親，他有權利可以對她這麼做。

還有個更進一步的觀點是：**他的母親真的是他的，因為是他創造了她。**孩子對母親的概念，是逐步從他自己愛的能力中慢慢產生的。我們可能認識這麼一位太太，她一共有六個小孩，老大是強尼，她哺育呵護他，後來她又生了老二。不過，在強尼的眼中，這個女人是在他出生時所創造出來的。她透過主動配合他的需求，讓他曉得創造什麼才是明智的，因爲它眞的會存在。對他來說，母親給他的一切必須先被想像，必須先是**主觀**的，然後**客觀**才具有意義。最後，當我們追根究柢追溯到偷竊的源頭，我們總是發現，這個小偷需要重建他跟世界的關係，這一切的基礎是重新找到母親，因爲她全心全意奉獻給他、了解他，願意主動配合他的需求；事實上，是她給了他一個幻覺，讓他以爲世界是他想像出來的，而且還把他所召喚出來的一切幻想，放在這位全心奉獻的母親與他「共享的」外在現實中。

這個觀點的實際意義到底是什麼？那就是，每個人心中的健康小嬰兒，都是慢慢才有能力客觀的感知最初從想像中所創造出來的母親。這個痛苦的過程，就是所謂的幻滅，我們沒有必要主動讓幼小的孩子感到幻滅；相反的，我們可以說，平凡的好媽媽不會讓小嬰兒徹底的幻滅，她只會允許他幻滅到她覺得他能承受的地步，而且還會樂見這個幻滅過程。

一個去母親袋子裡偷銅板的兩歲小孩，是在扮演飢餓的小嬰兒，這個小嬰兒認爲是自己創造了母親，還認定自己有權利拿她的東西。然而，幻滅往往來得太快，好比弟妹的出生，對小孩來說可能是個可怕的驚嚇。雖然這個小孩已經做好準備，要迎接弟妹的來臨，甚至對新寶寶也有好感，但還是難免感到緊張。小孩本來以爲是自己創造了母親，可是新寶寶的來臨卻讓他突然感到幻滅，因此展開了一段不由自主的偷竊階段。我們發現，這個小孩不但不玩百分之百有權利擁有母親的遊戲，反而會不由自主的偷東西，尤其是愛偷甜食，然後再把它們藏起來。可是他並沒有因爲擁有它們，而得到眞正的滿足。假如父母了解這種不由自主型的偷竊階段，代表著什麼意義，就能比較有技巧一點的處理。他們會容忍它，會努力讓這個被抓包的小孩，每天至少有段時間可以得到特別的關注，而且每週給零用錢的時機，可能也到了。最重要的是，了解這個情況的父母，不會用排山倒海的壓力，強迫小孩認錯。

他們曉得，假如這麼做的話，這個小孩肯定會開始撒謊和偷竊，而這絕對是父母的過錯所造成的。

這些都是平凡家庭常見的事，在大部分情況下，整件事也都巧妙的解決了，這個暫時處在不由自主偷東西情況下的小孩也復原了。

不過，父母是否夠了解，究竟發生了什麼事；能否避免不智的行動；他們是否認為，小孩必須及時接受「治療」，以免日後變成慣竊，這中間可能會產生很大的個別差異。就算最後一切都平安無事，但是，如果處理過程不當，小孩所承受的不必要的痛苦也夠龐大了。在難以避免的痛苦實在夠多的時候，小孩不會只出現偷竊問題。當小孩遭遇巨大或突然的幻滅時，可能會不由自主的做出某些事情來，好比弄髒東西、拒絕在正確的時候大便、或剪掉花園裡植物的頭部等等，但是他不曉得自己為何會做出這種舉動。

假如父母一定要對這些行為追根究柢，要求小孩解釋為何要這麼做，反而會加重小孩的難題。對孩子來說，這些問題已經夠緊張的了，而且他根本不曉得原因，當然說不出個所以然。結果，他不但沒有因為遭到誤解和責罵而感到難以承受的內疚，反而會分裂成兩個人；一個非常嚴格，另一個則被邪惡的衝動所佔據。這個小孩將不再感到內疚，相反的，他會變成人們口中的小騙子。

不過，我們並不會因爲曉得這個小偷的潛意識是在尋找媽媽，就諒解單車失竊所帶來的驚嚇。這是另一回事。我們當然不能忽略受害者的報復心態，而且對不良少年感情用事，只會助長一般人敵視罪犯的壓力，結果容易適得其反。少年法庭的法官不能只把小偷當作病人，也不能忽略這個不良行爲的反社會本質，以及這個行爲在事發地區所引起的不快。沒錯，當我們要求法庭承認「小偷病了，應該開的處方是治療而非懲罰」這個事實時，我們的確給社會帶來了沉重的壓力。

有許多偷竊事件從來不曾鬧上法庭，因爲平凡的好父母在家裡就圓滿的把事情處理好了。我們可以說，當小孩偷母親的東西時，她並不會感到緊張，她做夢也不會把這件事稱爲偷竊，因爲她毫不費力就可以認得出來，小孩的作法是在表達愛。在管教四、五歲的小孩，或是管教那些正處在不由自主偷竊階段的小孩時，父母當然會很辛苦。我們應該盡量體諒這些父母，讓他們了解這些過程，幫助他們帶領自己的小孩通過社會調適期。就是爲了這個緣故，我才會試著將個人的觀點寫下來，故意把問題簡化，讓好父母或好老師都可以了解。

過渡物與過渡現象

心理學很容易流於膚淺簡化，要不就是過於深奧難懂。關於小嬰兒最初的活動，以及他們在入睡或不安時所使用的物品，相關研究中有件事情令人感到好奇，那就是這些過渡事物似乎介於膚淺與深刻、介於明顯事實的簡單理解與曖昧潛意識的深入探測之間。因為這個緣故，我想請大家留意小嬰兒對普通物品的使用，也希望能讓妳曉得，在平常的觀察以及常見的事實當中，有許多事情值得我們學習。

我要談的是，一般小孩都有的泰迪熊這麼簡單的東西。每個有育兒經驗的人，都說得出許多有趣的細節，就像小孩的其他行為模式一樣，這是他們的個人特色，沒有兩個案例是一模一樣的。

大家都曉得，一開始，小嬰兒多半會把拳頭塞進嘴巴裡，不久他們就發展出一個模式，可能是選定某一、兩根手指頭，還是大拇指來吸吮，另一隻手則同時撫摸母親，或是摸一小塊布、毯子、羊毛、自己的頭髮。這裡有兩件事在進行：第一件是，嘴裡的手顯然跟興奮的餵奶有關；第二件比興奮還更進一步，是感情取代了興奮。從這個充滿感情的愛撫活動裡，小嬰兒可以跟碰巧放在附近的某樣東西發展出關係。這樣物品對小嬰兒來說，可能變得非常重要。在某種意義上，這是他的第一個所有物，是這個世界上屬於小嬰兒的第一件東西，但又不是他身體的一部分，不像大拇指、兩根手指或是嘴巴。因此，這個東西的重要性，就是證明小嬰兒跟世界已經開始產生關係。

隨著小嬰兒開始產生安全感，開始跟人建立關係，這些物品也跟著發展起來。它們證明小孩的情感發展得很順利，各種關係的記憶也開始建立。這些情感與記憶可以在小孩跟這個物品的新關係中再次使用。我喜歡稱呼這個東西爲「過渡物」[1]。過渡的當然不是物品本身，只是象徵了小嬰兒從跟母親合爲一體的狀態，過渡到把母親當作外在分離的個體。

我想強調這些現象代表小嬰兒的發展很健康，但是我也不想讓妳覺得，假如小嬰兒沒有發展出我所描述的這種興趣，就一定有問題。在某些情況下，小嬰兒記住的和需要的，就只是母親本人；可是有的小嬰兒卻覺得，過渡物就夠好了，甚至夠完美了，母親只要留在背景裡就行。不過，小孩常常會特別喜歡上某個東西，而且很快就給這個東西起個名字。追查名字的來源十分有意思，那通常是小嬰兒還不會講話時就聽過的某個字眼。當然了，父母和親戚很快就會送軟軟的玩具給小嬰兒，這些都做成小動物或小寶寶的形狀（大概是爲了大人的緣故）。不過，在小嬰兒眼裡，形狀並不重要，重要的是質感和味道，尤其是味道，所以父母都曉得，不能隨便清洗這些東西。某些十分注重衛生的父母為了家中安寧，常被迫帶著一個髒髒臭臭、軟軟的物品走來走去。小嬰兒再大一點，就會需要這個東西隨手可得；他一再把它從嬰兒床和嬰兒車上丟出去，又要大人一再把它送回來；他會把它一小塊一小塊的扯下來，又會在它上面流口水。事實上，任何事都可能發生在這個東西上，小嬰兒對待它的方式混合了深情款款的寵愛與毀滅攻擊的原始愛慾。遲早，小嬰兒的玩具會陸續增加，這些玩具會越來越像小動物或洋娃娃。隨著時間推移，父母也會試著教小孩子說「謝謝」，表示小嬰兒承認這個洋娃娃或泰迪熊，不是他自己想像出來的，而是屬於這個世界的。

假如我們回到第一個過渡物，無論是特殊的羊毛圍巾或是母親的手帕，我們必須承認，從小嬰兒的角度來看，要求他說「謝謝」，要他承認這個物品確實來自外界，其實是不恰當的。在小嬰兒眼中，第一個物品確確實實是他從想像中創造出來的。這是小嬰兒創造世界的開端，我們不得不承認，在每個小嬰兒眼中，世界必須重新被創造。而且世界在被創造的同時也被發現，否則世界的呈現對這個生命才剛起步的小嬰兒，是沒有意義的。

小嬰兒在壓力時刻（特別是想睡覺時），使用早期過渡物的種類與技巧，不勝枚舉。

有個小女嬰習慣一面吸拇指，一面撫弄媽媽的長髮。等她的頭髮夠長時，她一想睡覺就扯自己而非母親的頭髮來蓋住臉，並且聞著它入睡。這個習慣始終伴隨著她，直到她長大了，像小男孩一樣把長髮剪短。她對新髮型十分滿意，可是睡覺時間一到，她就抓狂了。幸好，父母保存了剪下的長髮，給了她一把。她立刻像平常一樣，把它披在臉上，開開心心的聞著它入睡。

有個小男嬰很早就愛上一條彩色羊毛被。他在一歲前就對羊毛線的分類十分感興趣，按照顏色把線扯出來。他對羊毛的質感和色彩的興趣始終持續不墜，長大以後，他還成了紡織工廠的色彩專家。

這些例子的價值在於，它們突顯了小嬰兒在健康時、有壓力時與分離時，所發生的現象與發展出的技巧，範圍都十分廣泛。幾乎每個有育兒經驗的人，都有一些實例可以分享，假如我們了解每個細節都很重要也都有意義，研究起來就很迷人。有時候，我們發現的不是物體，而是行爲，像哼歌，或更爲隱密的活動（譬如：對齊視覺範圍內的光線），或研究邊界線的互動（譬如：隨風搖擺的窗簾，或兩件重疊的物品），它們會隨著小嬰兒頭部的移動，改變彼此的關係。有時候，思考也會取代有形的活動。

內在的母親陪伴小嬰兒度過分離的時刻

為了強調這些事情是正常的，我想把焦點放在分離可能對它們產生的影響上。簡單來說，當母親或小嬰兒所依賴的人不在時，並不會立刻產生變化，因為小嬰兒的內心有個母親，而且這個內心的版本可以存活一段時間。假如母親離開太久，小嬰兒內心的版本就會逐漸消失；同時，這些過渡現象也會變得毫無意義，小嬰兒再也無法使用它們。我們看過一個需要餵奶的小嬰兒，他孤零零的被扔下，但他已經快要進入需要感官滿足的興奮活動了。這時小嬰兒失去的是整個原本沉浸在情感裡的中間地帶。假如間隔不是太長的話，隨著母親的歸來，他就會再對她建立一個新的內心版本，而這是需要時間的。如果中間地帶的活動又回來了，就顯示小嬰兒對母親的信心已經成功重建了。假如小孩被遺棄的時間過長，他會無法玩遊戲，也會變得麻木、無法接受感情，這時我們在小嬰兒身上見到的問題，就比較嚴重了。大家都曉得，這個問題發生時，強迫性的性慾活動可能也會跟著發生。失去母親後又獲得的小孩如果會偷竊，我們可以說，他是在搜尋過渡物，這個物品是因為他的內在母親死亡或凋零而失去。

有個小女嬰習慣吸吮包著粗糙羊毛布的大拇指。三歲時，這塊毯子被人拿走，「治好」她吸大拇指的習慣。後來，她發展出一個非常嚴重的習慣：入睡前總不由自主的咬指甲，同時還伴隨著強迫性的閱讀。

十一歲時，有人幫她想起了這塊羊毛布、布的花色以及她對它的喜愛，她才停止了咬指甲的習慣。

在健康的發展上，小孩會從過渡現象以及過渡物的使用，進展到有完整的能力可以玩遊戲。我們不難看出，遊戲對所有的小孩來說都非常重要，玩遊戲的能力是情感發展的健康指標。我想請你們注意這個指標的早期版本，那就是小嬰兒跟第一件物品的關係。我希望父母了解，這些過渡物是正常的，也是健康成長的指標。如此一來，當他們跟小嬰兒一起旅行，不得不帶著這個奇怪物品到處走動時，就不會感到丟臉。他們不但不會對這些物品不屑，還會盡量避免遺失它們。這些物品就像老兵一樣，只會凋零。換句話說，這些過渡物品形成的一整組現象，影響所及包括小孩子的遊戲、文化活動以及其他嗜好的領域：這個廣大的領域，剛好是介於外在世界的生活以及做夢之間的中間地帶。

將外在現象從夢中分類出來，顯然是沉重的苦差事。這是我們都希望能夠完成的任務，如此一來，我們才能夠宣稱自己神智健全。話雖如此，這個分門別類的苦差事實在太累了，所以我們需要一個調息休憩的地方，而我們在文化活動與嗜好裡所獲得的，就是這個地方。我們給小孩的領域遠比給自己的還要遼闊，在這裡，想像力扮演了主導性的角色。小孩子生活的特色，就是透過遊戲來運用外在世界，但卻同時保留了夢想的所有強度。對於剛剛起步、正在朝成年人的神智健全邁進的小嬰兒，我們允許他們擁有中間生活，特別是在入睡前的半夢半醒時分。而我所指的這些過渡現象，以及小孩所使用的過渡物，都屬於我們給剛起步的小嬰兒休息的地方，那是我們剛剛才指望稍稍區分夢與眞實的時候。

身爲兒童精神分析師，每當我跟小孩接觸，看著他們一邊畫圖，一邊談論自己和自己的夢境時，總是驚訝的發現，孩子毫無困難就記起自己小時候最早的過渡物。他們回想起父母早就遺忘的那些布塊和奇怪物品時，常常令父母大吃一驚。假如東西還在，知道放在哪裡的也是孩子。或許是在幾乎被遺忘的棄置物品堆放處，也許在最底層的抽屜後面，也可能在壁櫥最上層的架子上。當這個東西不見時，小孩是很難過的，不論是意外弄丟的，還是因爲父母不了解它眞正的意義，就擅自作主轉送出去。有些父母則太熟悉這些物品的概念，會在新的小寶寶一出生，就把家裡現成的過渡物塞給小寶寶，期望它也能像前一個小孩那樣對新寶寶奏效。他們自然是要失望的，因爲用這種方式出現的東西，對新寶寶來說可能有意義，也可能沒有意義，一切都很難說。我們不難理解，用這種方式呈現這些物品是有危險的，因爲，就某個意義而言，它剝奪了新寶寶的創造機會。如果小孩可以利用家裡現成的東西，當然很好；我們可以給這個東西起名字，而它通常也會變成家裡的一份子。小嬰兒會根據自己的興趣，從這裡發展出他最終對洋娃娃、其他玩具和小動物的著迷。

這個主題十分迷人，我要留給父母自己去琢磨。他們不必是心理學家，就能從觀察或記錄小嬰兒在中間領域發展出的特有眷戀和技巧當中，得到豐碩的收穫。

譯註

1 過渡物（transitional objects），心理學的專業說法是「過渡客體」。

給平凡的父母一點支持

假如妳已經從頭讀到這裡了，妳就會發現，我已經努力說了一些正面的話。我沒有教妳應該如何克服困難，也沒有告訴妳當小孩焦慮時，或是父母在孩子面前爭吵時，到底該怎麼辦。可是，我已經嘗試給平凡的父母一點支持，支持他們用明快的直覺養育出正常、健康的兒童。要說的還有很多，不過我想從這裡說起。

有人會問：「幹嘛要大費周章去跟已經做得很好的人說話？那些面臨困境的父母豈不是更需要幫忙？」好吧，我得試著不要被這個事實壓垮。在英國，在倫敦，甚至在我所工作的這家醫院附近，毫無疑問存在著許多煩惱。我太了解到處盛行的這些煩惱、焦慮和沮喪了。可是，我的希望就建立在這些穩定健全的家庭上，我也看到它們在我周圍建立起來，我們社會未來幾十年的穩定，就全靠這些家庭了。

有人也會說：「你幹嘛要關心那些健全的家庭？爲什麼他們才是你的希望所在？他們難道不能自己想辦法嗎？」好吧，我有個很好的理由，讓我非得主動支持他們不可，那就是：有些趨勢是要來摧毀這些美好事物的。認定美好事物一直都很安全，不會受到攻擊，是不智的；相反的，要讓最好的事物存活就必須要保衛它，則是眞的。總是有人痛恨美好的事物，對它感到害怕；這裡指的主要是潛意識方面，這些潛意識容易化身爲干擾、無用的規範、法律的限制，以及各種愚蠢的形式出現。

我並不是說，父母們受到官方政策的差遣或限制。英國政府費盡苦心讓父母自由選擇，究竟要接受還是拒絕政府所提供的一切。當然了，出生和死亡必須要登記，某些傳染病也必須向衛生當局報告，小孩從五歲起到十五歲之間必須上學[1]。破壞法律的孩子，要跟父母一起接受某種形式的強制約束。不過，對於政府所提供數量龐大的服務，父母還是可以選擇要善加利用或避開，例如，幼稚園、天花疫苗、白喉免疫、產前與嬰兒福利診所、魚肝油和果汁、牙齒治療、十分廉價的嬰兒專用牛奶、孩子就學後學校供應的牛奶等等，這些福利措施都是唾手可得，但又不硬性強迫。這一切都暗示，當今的英國政府承認一個事實：母親才曉得什麼事對孩子最好，只要她得到充足的資訊和適當的教育就行。

問題是，就像我在前面說過的，那些眞正負責執行公共事務的人，有的並不相信母親才是最了解孩子的人。醫生和護士常常對某些父母的無知和愚蠢留下深刻的印象，以致無法接納母親的智慧。我們常發現，在特殊訓練中，醫生和護士都對母親缺乏信心，醫護人員對疾病和健康是有專業知識，不過他們未必了解父母的所有苦差事。如果母親敢質疑他們的專業建議，他們多半會認爲她太固執了，其實她是眞的曉得，要是在斷奶的時候，把孩子從她身邊帶去住院，是會傷害到孩子的；或者兒子應該更懂事一些後，再去醫院割包皮比較好，或者女兒其實並不適合打針或接種疫苗（除非傳染病眞的爆發大流行），因爲她太神經質了。

假如醫生決定要切除小孩的扁桃腺，母親對此事感到擔心，她到底該怎麼辦呢？說到扁桃腺，醫生當然是專家。但醫生沒告訴母親的是，醫生也明白在孩子還太小，無法跟他解釋原因時，就把好端端的小孩送去動手術，是一件令人擔心的事。這時，母親只能堅持己見，相信這種事最好能免則免，假如她眞的信任自己的直覺，又在孩子的人格發展上受過教育，她就可以理直氣壯的告訴醫生她的想法，並且自己下決定。而一個懂得尊重父母的專業醫師，也會贏得他人對他專業知識的敬重。

父母曉得小孩需要比較單純的環境，在他們有能力了解更複雜的意義之前，需要一個相對單純的環境，來爲比較複雜的理解鋪路。假如兒子必須切除扁桃腺，時機又適當的話，不但不會傷害他的人格發展，甚至還能讓他在住院經驗中找到興趣與樂趣，甚至因爲通過這一關而向前邁進一步。可是，這個時間點完全要看這個男孩是哪種小孩而定，不能只根據年紀來判斷，也只有像母親這麼親密的人，才能爲他下決定，不過醫生應該也可以幫助她想清楚。

政府只教育父母，不硬性強制他們，這樣的政策的確是明智的。下一步是要教育那些執行公共事務的人，教他們尊重母親的感覺，以及她們對孩子的直覺認識。說到小孩，母親才是專家，假如她沒有被政府的權威嚇到的話，你就會發現，她在育兒方面眞的很有一套，很清楚好壞。

父母是負責任的人，如果我們不支持這個想法，從長遠的觀點看，終究會傷害到這個社會的根本。

値得注意的是，在小嬰兒發育成小孩、再長成青少年的個人經驗裡，家庭是以「大世界小縮影」的形式如影隨形的存在著，同時還要有辦法因應這個小縮影中的種種問題。雖然只是縮影，可是，感情的強度和經驗的豐富程度並沒有比較小，頂多只是在無關緊要的複雜程度上，略有不同。

假如我的寫作能夠激勵人心，讓大家去支持平凡人，也讓平凡的父母理直氣壯的相信自己的直覺，他們一定能做得比我更好，這樣我也就心滿意足了。讓我們盡醫護人員的所能，去醫治病人的身心；讓政府去爲那些因種種緣故無依無靠以及需要照顧保護的人盡力。可是，也讓我們牢記，幸好我們的社會有一些比較單純的平凡男女懂得訴諸直覺，而我們不必對此感到憂心。只要我們把扶養家庭的重責大任全部交給父母，他們就會展現出最好的一面。

譯註

1 目前英國的國民義務教育是從五歲到十六歲。

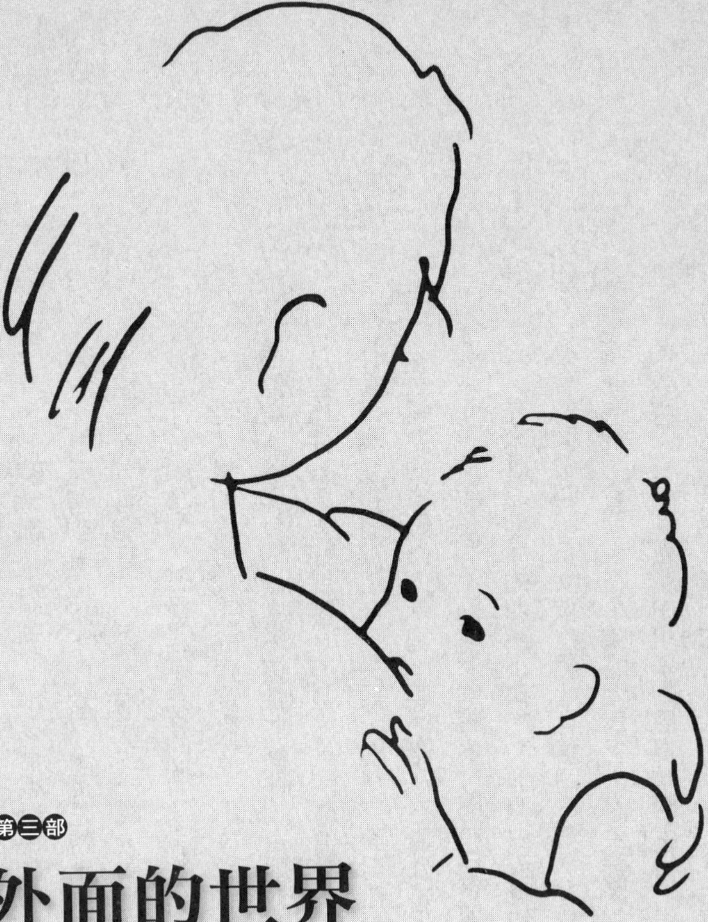

第三部

外面的世界

學齡前的那幾年，遊戲是小孩解決發展上情感問題的主要辦法。遊戲也是小孩的表達方法之一：是傾訴和詢問的方法。

五歲以下幼兒的需求

小嬰兒和幼兒的需求千古不變，因爲這些需求是與生俱來、堅定不移的。我們時時都必須想到，小孩是不斷在發育成長的。這個觀點向來都很管用，尤其是想到五歲以下的幼兒，更是特別重要，因爲每個四歲的小孩，在情感上都有可能只有三歲、兩歲和一歲，或是像個正在斷奶的小嬰兒，還是剛出生的新生兒，甚至是子宮裡的胎兒。幼兒的情感年齡會前進，也會倒退。

從人格和情感成長的角度來看，小孩從出生一直長到五歲，是一段漫長的距離。除非我們供應小孩某些條件，否則他們是無法跨越這段距離的。而這些條件只要夠好就行，不必完美或毫無缺失，因爲隨著小孩的智力增加，他會漸漸變得有辦法容忍失敗，會爲了面對挫折而預作準備。大家都曉得，小孩需要的成長條件就是不要停滯、不要公式化、不要固定，必須隨著小嬰兒或小孩的年齡和不斷改變的需求，隨時做質與量的調整。

先來瞧瞧健康的四歲小孩吧。他們白天可能已經像個小大人，小男孩開始會認同父親，小女孩也開始會認同母親，有時也會出現跨性別的認同。這項認同能力會展現在小孩的行爲上，而且可以在特定的時空中，出現負責任的表現；它會在遊戲中坦率的展現婚姻生活、親子關係以及教學的任務和喜悅；它也會表現在強烈的愛與嫉妒之中，這點是幼年期的特色；它還會存在白天的幻想裡，更重要的是，也存在小孩的睡夢中。

如果我們將小孩的本能所衍生的生活強度納入考慮，那麼健康的四歲小孩的確擁有一些成熟的要素。這生活的強度就是興奮的經驗，它的生理基礎有個先後順序：張力逐步升高↓開始感到興奮↓達到高潮↓得到某種形式的滿足↓興奮得到紓解。

五歲前有個特有的成熟象徵——精力充沛的夢。在夢中，小孩處在人際三角關係中的一端。在這個夢裡，小孩接受了我們稱爲「本能」的生理驅力，並且趕上生理的成長。這是一項了不起的成就，所以在夢裡、在清醒生活背後的潛在幻想裡，小孩的身體功能包含了強烈的人際關係，包含了他所感受到的愛、恨以及固有的衝突。

這表示，除了生理上尚未成熟的限制以外，健康的小孩已經涵納了性的所有可能性。性關係的細節用象徵的形式，出現在夢裡與遊戲之中，成爲童年的經驗。

發育良好的四歲小孩需要有父母在身旁，成爲他們認同的對象。在這個重要的年紀，灌輸硬梆梆的道德觀念和諄諄教誨他們一些文化典範，是沒有用的。最有效的還是父母與父母的行爲，以及小孩所察覺到的父母之間的夫妻關係。小孩吸收、模仿和反應的都是這些行爲與關係，而且在孩子的自我發展過程中，以千百種方式所運用的也是這些。

此外，這個家的基礎是父母之間的夫妻關係，運作上則是靠存在和倖存來完成。小孩能夠容忍自己所表現出來的恨意以及災難夢境中的怨恨，因爲不論是好還是壞，這個家依然會繼續運作下去。

可是，一個非常成熟的四歲半小孩，有時會割傷手指或意外跌倒，而需要安慰，他會突然回到兩歲的模樣，甚至在入睡前流露出十足的嬰兒樣。任何年齡的小孩，當他需要憐愛的擁抱時，就表示他需要愛的生理形式，這種生理形式是母親的子宮懷著胎兒，或是臂彎抱著小嬰兒時，自然展現的母愛。

的確，小嬰兒並不是一開始就有辦法認同別人。自我需要逐步發展成一個整體或一個人。同樣的，小嬰兒也是逐漸才有能力感覺到外面的世界跟內心的世界是有關聯的。可是，這種認同能力跟自我不同，自我是個人而獨特的，從來沒有兩個小孩是一模一樣的。

我們要先強調三歲到五歲應有的成熟度，因爲健康的嬰幼兒隨時都在增強這份成熟，而這份成熟對一個人的未來發展十分重要。同時，五歲以下小孩的成熟，通常是可以跟程度不一的不成熟並存。這些不成熟是健康狀態下所殘餘的依賴性，是成長的早期特色。對各階段發展的探討，遠比描繪四歲小孩的綜合畫像要簡單多了。

小孩在不同關係中的需求

即便只是做個簡單扼要的聲明，我們也必須清楚的區分以下各點：

(1)（家庭裡的）三角關係。
(2)一對一的兩人關係（母親向小寶寶引介這個世界）。
(3)母親抱著仍處在尚未整合狀態的小嬰兒（在小嬰兒感覺到自己是個完整的人之前，母親就把他看成一個完整的人）。
(4)透過生理面向的育兒技巧來表達母愛（母方的技巧）。

(1)**三角關係**。這個小孩已經完整的成爲人類的一員，並深陷在三角關係之中。在潛意識的夢裡，小孩愛上了父母當中的一位，並痛恨另一位。就某個程度來說，這份恨意是直接表達的，而小孩能夠找到早期殘存的潛在攻擊性來表達恨意，是非常幸運的。這份恨意也是可以接受的，因爲它的基礎是出自原始的愛。不過，就某個程度來說，小孩也吸收了這份恨意，以認同夢中的對手。在這個階段，家庭處境會左右小孩與他的夢。至於這份三角關係有個現實形式，而且這個形式會保持完整無缺。我們也會在其他相近的人際關係中發現這份三角關係，其中心主題會逐漸向外擴散，張力也逐漸減弱，到最後小孩就有辦法在某些眞實情境中處理這份關係。這個時期，遊戲尤其重要，因爲它既是眞實也是夢，如果沒有這些遊戲經驗，就不可能有各種濃烈的情感，如此一來，這些情感將會繼續被封鎖在遺忘的夢中。但是，遊戲總會結束，玩遊戲的人也會收拾好玩具，一起喝茶，或準備洗澡，聆聽床邊故事。而且，小孩在（我們所談的這個時期）玩遊戲時，都會有個大人在旁作陪，他雖然沒有直接參與，卻總是準備好要接手掌控了。

研究「父親母親」、「醫生護士」這兩個童年遊戲，與模仿母親做家事和模仿父親的特殊職業所玩的特定遊戲一樣，對研究的新手都十分具有啓發性。研究小孩的夢則需要特殊的技巧，這自然會將研究者進一步帶入潛意識，而不只是簡單的觀察小孩的遊戲而已。

(2)一對一的兩人關係。在比較早的階段，我們得到的不是三角關係，而是小孩跟母親之間比較直接的關係。母親用極其微妙的方式，不僅向小寶寶盡可能的呈現這個世界，還爲他擋開意外衝擊，並在恰當的時機用正確的方式，多少提供小孩需要的東西。我們很容易看出來，比起三角關係模式，在兩個身體的關係當中，當尷尬時刻來臨時，小孩可以處理情緒的空間比較窄；換句話說，在一對一的關係中，小孩的依賴程度比較大。儘管如此，這兩個完整的人，不但關係親密，還相互依賴。假如母親健康、不焦慮、不憂鬱、不混亂、不畏縮的話，小孩的人格隨著母子關係日復一日益發充實，就有比較大的空間可以成長。

(3)**母親抱著仍處在尚未整合狀態的小嬰兒**。在更早的時候，依賴的程度當然更大。小嬰兒需要母親每天都倖存下來，以整合小嬰兒的各種情感、感覺、興奮、憤怒、哀傷等等，這些是小嬰兒的生活內容，可是他卻無法記住它們。小嬰兒還不是一個完整的人，母親抱著的是個正在形成的人。假如有需要，母親可以在心裡複習，那一天對小嬰兒具有什麼意義。她了解小嬰兒，所以她在小嬰兒還沒有能力感到完整時，就把他看成一個人。

(4)**透過生理面向的育兒技巧來表達母愛**。在更早的時候，母親抱著小寶寶，這次我指的是生理上的意思。所有最早的**生理**照顧細節，對小嬰兒來說，都是**心理**的事。母親主動配合小嬰兒的需求，起初這項配合是非常徹底的。母親會曉得什麼需求變得急迫了，人們說那是一種母性的「本能」。她也會用唯一不致釀成大亂的方式，向小嬰兒呈現這個世界，也就是需求一來就立刻滿足它。同時，她也用生理面向的育兒技巧來表達愛，給他生理上的滿足，讓小嬰兒的靈魂開始進駐他的身體。她以育兒技巧表達她對小嬰兒的情感，並讓這個發展中的小人兒漸漸認得她。

以上對於幼兒需求的陳述是討論的基礎，以探討從家庭模式的各種變化對小孩產生的影響。就變化的特質而言，幼兒的需求都是不容置疑的。如果無法符合這些需求，小孩的發展就會被扭曲。有條金科玉律我們可以奉為圭臬：需求的型態越原始，對環境的依賴就越大；若是無法符合這樣的需求，失敗的災難就越大。我們對小嬰兒在襁褓初期的照顧，已超乎有意識的思考和刻意的用心，這是只有愛才做得到的事。有時候我們會說，小嬰兒需要愛，其實意思是說，只有愛小嬰兒的人，才能夠配合他的需求，也只有愛小嬰兒的人，才能夠隨著他的成長，逐步降低配合的程度，把失敗變成可資利用的正面價值。

五歲以下幼兒的根本需求因人而異，但基本原則不變，這項眞理無論過去、現在和未來，放諸四海皆準，對任何文化的人都適用。

父母及其責任感

當今的年輕父母似乎有一種新的責任感，這是在統計問卷中不會出現的一種重要訊息。現代父母懂得等待，他們會計畫，會閱讀。他們曉得自己只照顧得了兩、三個小孩，所以他們打算用最好的方法，來做有限的育兒工作：親自帶小孩。如果一切順利，親子關係就變得非常直率，這份關係的強度和豐富程度將會頗爲驚人。少了護士和幫手來代勞，親子關係會浮現特殊難題，而我們的預期也得到證實。親子間的三角關係的確變成一個現實問題。

我們看得出來，那些刻意承擔父母的重責大任，讓小孩走上心理健全康莊大道的人，本身是個人主義者。正是個人主義讓這些父母後來可能會需要更進一步的個人成長。在現代社會裡，裝模作樣的個人主義者是越來越少了。

這些人把爲人父母看成是工作，努力給孩子一個豐富的環境。此外，他們還會善用各方資源。可是，這種協助必須不能損及父母的責任感。

弟弟妹妹的誕生對哥哥姊姊來說，可能是個難能可貴的經驗，也可能是個大麻煩，父母如果願意花時間處理，就有辦法迴避可以免去的錯誤。不過，我們可別以爲這樣就可以避免愛、恨與忠誠感的衝突。生活本來就夠難的了，對正常而健康的三歲到五歲的小孩來說，更是困難。幸好生活中也是有獎賞的，對這個幼小的孩子來說，只要家庭穩定，讓他覺得父母之間和樂融融，生活就是有保障的。

那些有心負起責任的父母，顯然為自己攬下了一個重大的任務，而得不到回報是常有的風險。許多意外都可能讓父母徒勞無功，幸好現在生理疾病的風險已經比二十年前少多了。不過，我們一定要記住，父母願意研究子女的需求固然很好，但是，假如父母感情出問題的話，他們是絕對不可能因為小孩需要他們維持一個穩定的家庭，就彼此相愛的。

社會及其責任感

社會上的育兒態度，近來有大幅度的改變。現在的看法是，嬰兒期和童年是在為嬰幼兒的心理健康奠定基礎，最終則是達到成熟，從成年人的角度來說，就是可以認同社會，又不會喪失自尊心。

小兒科在二十世紀上半葉的重大進展，主要是在生理方面。一般都認為，假如我們可以預防或治療小孩的生理疾病，其餘的就可以留給兒童心理學去處理。其實小兒科除了照顧好孩童的生理健康，還應該想辦法給予更進一步的照顧。約翰・鮑比（John Bowlby）[1]醫師專門研究幼兒跟母親分開所產生的不良影響。這項研究在過去幾年來，大大改變了某些作法，所以現在醫院才會准許母親們自由來探視小孩，而且也盡量避免拆散母親與幼兒。此外，失親小孩（deprived children）的管理政策也改了，不但正式廢止全天候的托兒所，還增加了領養家庭。小兒科醫師和護士雖然配合這些作法，卻未必了解幼兒需要跟父母維繫長久關係背後的眞正原因。不過，假如我們肯承認「只要能避免不必要的分離，就可以減少許多心理問題」這一點，就是跨出很重要的一步了。此外，我們還需要了解的是，如何在正常的家庭環境裡，培養小孩的心理健康。

我要再說一次，關於懷孕和分娩的生理面，以及小嬰兒生命最初幾個月的身體健康，醫師和護士知道得很多。不過，他們並不曉得剛開始餵奶時應該把母親和寶寶拉在一起，這是一件相當巧妙細膩的事，不能靠生硬的原則規定來做，只有母親本人才曉得該怎麼辦。當母親跟寶寶在剛開始的嘗試中彼此探索時，任何專家的干擾只會徒然造成極大的苦惱。

我們必須明白，在這個領域受過訓練的工作人員（產科護士、公共衛生護士、托兒所老師等等，個個都是某方面的專家），但他們跟父母比起來可能還是個比較不成熟的人格；父母對特殊事情的判斷，很可能比專業人員更周詳。只要了解這個觀點就好，不必引起麻煩，畢竟我們仍需要專業人員的特殊知識和技巧。

父母向來只要了解原因就好，並不需要建議或詳細的指示。我們必須留一些空間給父母去實驗和犯錯，這樣他們才能夠學習。

社會個案工作（social case work）近來也擴及心理學領域。接受廣泛的育兒原則，雖然立刻就可以證明社會個案工作的防治價值，但是這對正常或健康的家庭生活卻反而造成一大威脅。我們一定要牢記，這個國家的健康全賴健康的家庭單位，而家庭單位內的父母必須是情感成熟的人。因此，這些健康的家庭是神聖的領土，除非我們眞的了解它們的正面價值，否則是不可以隨便闖入的。儘管如此，健康家庭還是需要社會的協助。父母隨時都忙著跟彼此聯繫溝通，但他們的幸福與社會融合還是要靠社會的協助。

現代小孩十分缺乏兄弟姊妹

當今的家庭模式有個重大的改變，小孩不只十分缺乏兄弟姊妹，連堂表兄弟姊妹也不多。我們不要以爲幫小孩找幾個玩伴，就可以取代沒有堂表兄弟姊妹的缺憾。當小孩的人際關係從母親、父母親向外界的廣大社會拓展，逐步取代兩人和三人關係時，血緣關係是極爲重要的。我們應該預料得到，現代小孩通常沒有大家庭時代的那些幫手，他們沒有可以呼朋引伴的堂表兄弟姊妹，獨生子女更是嚴重缺乏玩伴。話雖如此，但在這個原則下，我們就可以說，現代小家庭能得到的主要幫助，是在人際關係和各種機會的擴充與延伸上。幼稚園、托兒所都可以做很多事，但規模不能太大，還要有適合的教職員。我指的適合除了是人數適中以外，教職員還必須具備嬰幼兒心理學方面的知識。父母可以利用托兒所讓自己喘口氣，也藉此擴展小嬰兒跟成年人以及其他小朋友的人際關係，並擴大他們遊戲的範圍。

許多正常或接近正常的父母，假如日夜都跟小孩膩在一起，就會感到不耐煩；但是假如可以每天獨處幾小時，其他時候就會好好對待小孩。我請你特別注意這一點是因爲，在我的行醫經驗中，我經常面對母親需要幫手的問題，而她們爲了自己的健康和平靜，寧可出去兼差。這裡還有討論的餘地，可是在健康家庭裡（我希望你們可以接受，這並不是罕見的現象），父母可以就上幼稚園或日間托兒所，一起做隨時可以更改的決定。

在英國，幼稚園教育已經有非常高的水準。我們的幼稚園領先全球，有一部分是受到瑪格麗特・麥克米蘭（Margaret McMillan）和我已故的好友蘇珊・艾薩克絲（Susan Isaacs）的影響。此外，幼稚園教師的教育訓練也影響了人們對更高年齡層的教育態度。這些幼稚園對健康家庭助益匪淺，假如不能進一步發展，那就太可惜了。相較之下，日間托兒所並非專門爲嬰兒而設計的，支持它的有關單位在員工或設備上，未必有太大興趣。托兒所比幼稚園更有可能歸在醫療單位管轄下面，這些單位（眞抱歉，因爲我也是個醫師）有時候似乎以爲，只有身體的成長和預防生理疾病才是當務之急。儘管如此，如果有適當的員工和設備，托兒所還是可以達成任務；最重要的是，它可以讓疲倦而煩憂的母親變成「夠好的媽媽」，因爲她們的職業已經改變了。

托兒所會繼續尋找官方的支持，因爲它們對充滿苦難與煩惱的社會而言，顯然更有價值，所以我們得盡量讓托兒所擁有良好的設備和人員，免得它們傷害了健康家庭的正常小孩。幼稚園最好的時候是如此之好，以致現代的好人家可以利用它來爲孤獨的小孩拓展交友圈；也因爲這所好的幼稚園滿足了健康家庭的需求，它對社區就有一種獨特而無形的價值，這是統計學算不出來的。假如我們把現狀當一回事的話，我們的社會一定會有前途，而這個前途就來自健康的家庭。

譯註

1 約翰．鮑比醫師（1907-1990），英國精神分析師，他在五〇年代提出的依附理論（Attachment Theory）大大拓展了兒童發展研究的視野。

母親、老師和小孩的需求 1

幼稚園的功能不是要取代缺席的母親，而是要補充和延伸母親在小孩幼年時獨自扮演的角色。最正確的看法應該是，把幼稚園視爲家庭的「向上」延伸，而不是小學的「向下」延伸。因此，在討論幼稚園，尤其是教師的角色前，需要先摘要整理一下小嬰兒需要母親爲他做什麼，以及母親在幼兒最初幾年的心理健康發展上所扮演的角色性質。只有根據母親的角色和小孩的需求，我們才能眞正了解，幼稚園該如何接續母親的工作。

假如要簡短陳述嬰兒期和幼稚園這年紀小孩的需求，勢必容易出現疏漏。雖然在現階段的知識發展上，我們很難期待有個既詳盡又有共識的陳述，不過接下來的粗略要點說明，在特別關心嬰兒期心理發展的臨床研究專家看來，應該能夠廣爲幼教工作者所接受。

我們先逐一對母親、幼稚園老師，以及教大孩子的老師角色，做個初步的評論。

母親對自己的工作並不需要有知性的理解，因爲她適合這份工作的根本原因，是出於她呵護自己寶寶的生物本能。她是因爲愛自己的小孩，而不是因爲覺得自己夠好，才能夠做好扶養小嬰兒的初期工作。

年輕的幼稚園老師只是間接的認同母親的角色，在生物本能上並未對準任何小孩。因此她得慢慢的才曉得，小嬰兒的成長與適應存在著複雜的心理學，並且還需要特殊的環境條件才行。討論她所照顧的孩子，可以使她認識正常的情感發展是多麼的生動有趣。

資深教師必然比較能夠從知性角度領會成長和適應問題的性質。幸好，她並不需要知道全部，可是她的性情必須適合接受成長過程的生動多變及其複雜性，並且有心透過客觀的觀察和有計畫的研究，增加對細節的了解。假如她有機會跟兒童心理學家、精神科醫師，以及精神分析師討論**理論**，或是靠自修吸收相關知識，都會有莫大的助益。

父親的角色非常重要，起初他在物質和情感上支持妻子，之後才跟小嬰兒有直接關係。到了上幼稚園時，他對小孩來說，可能比母親更重要。話雖如此，我們還是不可能在接下來的陳述中，充分說明父親的角色。

上幼稚園這幾年很重要，因爲這個時期的小孩正處在過渡階段。兩歲到五歲之間的小孩，有時會以某種奇特的方式，達到類似青春期的成熟度，雖然在其他時候和其他狀況下，同一個小孩也會（正常的）不成熟和像個嬰兒似的。只有當母親的早期照顧很成功，父母又繼續提供絕對必要的環境，幼稚園老師才能在進行學齡前的教育之餘，也同時盡到呵護小孩的職責。

實際上，每個上幼稚園的小孩，多多少少都還是個需要母親（和父親）照顧的小嬰兒。而且，之前母親多少有做得不夠的地方，要是那些問題不太嚴重的話，幼稚園就有機會彌補和改正母親做得不好的地方。因此，年輕老師需要學習如何像母親般呵護小朋友。這一點她只要多跟媽媽們聊聊，用心觀察，就有機會學習。

童年與襁褓初期的正常心理

在兩歲到五歲或七歲這個階段，每個正常的小孩都在經歷最強烈的衝突，這是強烈的本能傾向（instinctual trends）充實了情感和私人關係的結果。本能的性質變得比較不像嬰兒期早期（主要跟食物有關），而更像後來在青春期時出現的，可以做爲成年人性生活的基礎。小孩的有意識和潛意識的幻想已經發展到了一個新階段，可以認同母親和父親、妻子和丈夫。這些幻想經驗也伴隨著身體的興奮感，就像正常的成年人那樣。

同時，像一般人之間的人際關係才剛剛建立起來。還有，這個年紀的小孩正在學習如何理解外在現實，並試著了解母親有她自己的生活，不能像專屬於某人似的被佔有。

這些發展的後果是，愛的念頭後面緊跟著出現了恨的念頭、嫉妒和痛苦的情感衝突，以及個人的苦惱；衝突太大時，就會出現徹底喪失能力、抑制、「潛抑」[2]等等情形，更嚴重些就會轉變成症狀。小孩的情感表達有一部分本來是很直接的，隨著時間的成長，小孩就越來越有可能透過遊戲和說話來抒發情感。

在這些方面，幼稚園顯然有若干重要的功能，其中一個是每天提供小孩幾小時輕鬆的氣氛。這裡的人際關係不像家裡那麼緊張密切，可以在小孩的個人發展中提供一個喘息空間，孩子之間也可以形成和表達比較輕鬆的三角關係。

學校代表家庭，但是並不能取代家庭，它給小孩一個機會，跟雙親以外的人建立深刻的私人關係。它讓小孩有機會跟學校教職員和其他小孩做朋友，同時還提供一個寬容又穩定的體制，讓小孩可以在這裡經歷這些經驗。

不過，我們一定要記住，幼兒在逐漸成熟的過程中雖然有這些成就，但在其他方面卻還不成熟。例如，正確的理解能力尚未得到充分的發展，所以我們預期幼兒對這個世界的概念，是主觀的而非客觀的，尤其是在他們入睡前和剛甦醒的時候。小孩如果受到焦慮的威脅，一下子就會回到嬰兒期的依賴情境，結果又會出現嬰兒期的大小便失禁，而且完全無法容忍挫折。就是因爲這個不成熟，所以學校必須有辦法接管母親的職責，像母親一樣一開始就給小嬰兒信心。

我們無法假定，幼稚園年紀的小孩是否有能力對一個人又愛又恨。但要擺脫這種衝突的簡單辦法是，把好與壞分開來。母親難免會在孩子身上激發出愛與憤怒，可是她繼續活得好好的做她自己，讓小孩得以將她身上看似好的與不好的結合在一起；如此小孩才會開始產生罪惡感，擔心自己會因爲她的愛與她的不當而攻擊她。

罪惡感和憂慮的發展，牽涉到一個時間因素。這個時間順序是：愛（帶有攻擊成分）↓恨↓一段消化期↓罪惡感↓透過直接表達或建設性的遊戲所做的修補。假如修補的機會不見了，小孩的反應是失去感受罪惡感的能力，到最後則是失去愛的能力。幼稚園藉由人員的穩定以及提供有建設性的遊戲，來延續母親的這項任務，好讓每個小孩找到辦法來處理跟攻擊和毀滅衝動有關的罪惡感。

母親已經進行了一項非常重要的任務，這任務可以用「斷奶」一詞來形容。斷奶意味著，母親已經給了小孩某個好東西，而且會等待小孩做好準備，才進行斷奶任務，即使這麼做會引起寶寶的憤怒。小孩離家去上學時，多少也複製了斷奶的經驗，所以研究小孩的斷奶過程，可以幫助年輕老師了解，小孩剛進學校時可能會出現的難題。如果小孩很容易就被帶來上學，老師就可以把這一點看作母親斷奶成就的延伸。

母親還在不知不覺中，用其他方式爲小孩接下來的心理健康打下基礎。例如，要不是她小心翼翼的引介外面的現實，小孩就沒有辦法跟世界建立一個滿意的關係。

幼稚園的教育爲夢境與眞實做了居間協調的準備。遊戲格外受到正面的肯定，故事、繪畫和音樂也是常用的作法。在這方面，幼稚園格外能夠充實並幫助小孩，在天馬行空的想法與合群的行爲之間找到一個可行的關係。

母親不斷的尋找並在小嬰兒身上看到人的本質，促使小嬰兒逐漸形成人格，從心裡面整合成一個人。這個過程一直到上幼稚園時都還沒有完成，在這段期間，小孩還需要個別型態的人際關係，老師要稱呼每個小孩的名字，允許小孩按照自己的性情和喜好來打扮。順利的話，小孩的個性會隨著時間的進展而慢慢定下來，並開始想要加入團體活動。

從出生（或出生前）以來，母親對小嬰兒的**生理**照顧，在小孩的眼中看來，就是個心理過程。母親的扶持、洗澡、餵奶技巧，以及她為小孩所做的每件事，累積起來就成為小孩對母親的第一印象，然後再逐步加上她的長相、其他生理特質，以及她的情感。

若沒有一致的育兒技巧，小孩感覺身體是心靈居所的能力，是無法發展的。當幼稚園繼續提供一個生理環境，照顧小孩的身體時，它也是在執行**心理**衛生的主要任務。餵食從來不是只把食物吃進去這麼簡單而已，這是學校老師延續母親任務的另一個方式。學校就像母親，透過餵小孩吃東西來表示愛；學校也像母親，能預期得到小孩的拒絕（痛恨、懷疑）和接納（信賴）。在幼稚園裡沒有任何地方是沒有人情味或沒有感情的，因為對小孩而言，代表了敵意或（更糟的）漠不關心。

這一節所陳述的母親角色和小孩需求，說明了幼稚園老師需要銜接上母親的功能，這跟幼稚園老師的主要任務鎖定在小學教育的這個事實，在作法上是相符的。我們雖然缺乏心理學老師，可是到處都有資訊來源，只要為幼稚園老師指引出方向，她就可以觀察父母在家庭環境裡如何照顧小嬰兒，並加以吸收運用。

幼稚園老師的角色

假定幼稚園在某些方面補足和延伸了良好家庭的功能，那麼幼稚園老師自然會在學校接管母親的某些特質與責任。但她終究不是母親，不需要發展母子之間的特殊情感連結，她的責任比較是維持、加強和充實小孩跟家庭的關係，同時也向小孩介紹更多的人與機會。因此，從小孩一入學開始，老師與母親之間的眞誠友好關係，將會帶給母親信任感，也讓小孩感到安心。這種友好關係可以幫助老師發現和了解小孩從家裡帶來的煩惱，在許多情況下，也給老師一個機會去幫助母親，讓母親對自己的角色更有信心。

上幼稚園拓展了小孩在家庭以外的社交經驗，它爲小孩製造了一個心理問題，也給幼教老師一個機會，去進行她的第一份心理衛生貢獻。

送小孩上幼稚園可能會爲母親帶來焦慮，她或許會誤以爲是自己做得不好，才需要把小孩送去家庭外面發展，但這其實是出於小孩的自然發展。

這些因爲小孩上幼稚園所產生的問題，說明了一個事實，那就是在幼稚園期間，老師有雙重責任和雙重機會，她有機會可以幫助母親發現自己的母性潛能，同時也協助小孩解決發育中不可避免的心理問題。

忠於這個家並尊重這個家庭，是維繫小孩、老師和家庭之間的穩固關係的基礎。

老師扮演了古道熱腸和充滿同情心的朋友角色，她不但是小孩離家時的唯一依靠，也是用堅定一致行爲對待他們的人，她認得小孩的喜悅和悲傷，也容忍他們的反覆無常，還能在小孩有特殊需求時幫助他們。至於她的機會是來自她跟小孩、母親，以及全體小朋友的個別關係。跟母親比起來，她有的是專業訓練的技術和知識，以及用客觀的態度來對待她所照料的孩子。

除了老師跟每個小孩、小孩的母親，以及全體小朋友之間的關係以外，整體看來，幼稚園的環境對兒童心理發展也有重要的貢獻。幼稚園提供了一個比家更適合小孩能力的物理環境：家裡的家具配合大人的身高，空間被現代住家的格局所壓縮，小孩的周圍環境免不了跟家事的運作比較有關；但幼稚園卻創造了一個情境，讓小孩可以透過遊戲（有創意的活動）來發展新能力，這是小孩發展不可或缺的條件。

幼稚園也讓小孩可以跟同齡的兒童作伴。這是小孩第一次成爲同儕團體的一份子，因此需要在這樣的團體中發展出合群的能力。

幼年時，小孩同時進行三項心理任務。第一，他們還在建立「自我」的概念，以及建立自我跟他們所想像的現實之間的關係。第二，他們正在發展跟一個人——母親——建立人際關係的能力。母親通常會等到小孩在這兩方面都發展到一定的程度，才讓他上幼稚園。一開始，上學對小孩的母子關係來說，確實是個震撼。小孩面對這個震撼的辦法是，發展出另一個能力：跟母親以外的人建立人際關係。由於幼稚園老師是小孩除了母親以外第一份人際關係的對象，因此母親必須承認，對小孩來說，她並不是一個「普通」人，絕對不能表現出「普通」的樣子。例如，她必須接受一個想法，那就是小孩得要慢慢的才能學會跟別的小朋友分享老師，起初他可能會對此感到心煩意亂。當小孩成功的達到第三種發展，就是發展出能同時跟好幾個人建立人際關係的能力時，他才有辦法跟小朋友一起分享老師。到了上幼稚園的年齡，每個小孩在這三方面能夠發展到什麼地步，完全看小孩跟母親先前的經驗性質而定。這三種發展過程將會亦步亦趨，如影隨形。

小孩該有的正常問題

隨著這個發展過程繼續進展，會有「正常的」問題冒出來，這些問題常常是小朋友身在幼稚園時才會表現的行爲。這種問題雖然是正常的，常常發生，但孩子仍然需要幫忙，才能解決。如果沒有解決，可能會對小孩的人格產生一輩子的影響。

由於學齡前的幼兒很容易被自己的強烈情感和攻擊性傷害，有時老師必須保護孩子，不要讓他們傷害自己，還得在緊要關頭控制場面，指引孩子。此外，老師還要確保自己能在遊戲中提供令人滿意的活動，幫助孩子把攻擊性導引到有建設性的管道去，並且學到有用的技巧。

在幼稚園階段，家庭和學校之間有個相互影響的雙向過程，其中**一個環境**出現的壓力，會讓小孩在另一個環境表現出騷亂的行爲。當小孩在家裡出現干擾行爲時，老師通常可以從小孩在學校正在發生的問題，幫助母親了解小孩到底怎麼了。

老師熟悉正常的成長階段，有豐富的知識，必然會對孩子行爲上突如其來的劇烈轉變有心理準備，也會容忍家庭環境的騷動所引起的嫉妒感。整潔習慣的崩潰、餵食和睡眠方面的困難、說話障礙、動作行爲缺失，這些問題和其他症狀都可能是成長過程中常見的，也可能是偏離常軌的誇張表現。

小孩剛入學時，要從極度依賴人發展到獨立，在這段過渡期間，他會產生不知所措的情緒波動，老師也得面對這個問題。就算接近幼稚園畢業的年齡，小孩在對錯之間、幻想與事實之間、私人財產與他人財產之間，也還會混淆不清。

老師需要有足夠的知識，才能做適當的處置，或是轉介給專家。小孩的情感、社交、智力以及生理潛能是否能充分發展，全部必須仰賴幼稚園的消遣和活動是否安排得有條有理而定。老師在這些活動上扮演了一個不可或缺的角色，通常她對孩子的象徵性語言與表達非常敏感，也有豐富的知識，能理解孩子在團體中的特殊需求。此外，幼稚園所提供的必要設備，必須是來源豐富且充滿巧思的，同時還要充分了解各種遊戲的價值，例如，要有戲劇性的、有創意的、無拘無束的、有組織的、有意義的等等。

學齡前的那幾年，遊戲是小孩解決發展上情感問題的主要辦法。遊戲也是小孩的表達方法之一：是傾述和詢問的方法。大人往往沒有察覺到這些必然存在的惱人問題，老師如果想幫小孩解決這些煩惱，就得認識遊戲對學齡前孩子所具有的重要意義。她必須接受訓練，才能幫助自己發展並運用對此事的領悟。

幼稚園的教育需要老師隨時能阻止並控制小孩常見的衝動和本能慾望（即使在孩童之間，這些衝動和慾望也是無法接受的），同時又要給幼兒一些方法和機會，去發展創造力和智力，給他們一些方法去表達幻想和戲劇化的生活。

最後，幼教老師必不可少的條件是：她跟其他教職員的和睦相處，以及她身上所保有的女性特質。

原註

1 本章是摘自聯合國教科文組織的一篇報告。作者只是撰寫報告的專家小組中的一員，因此本章並不完全是他個人的作品。

2 這裡，這個詞是用它在心理學專業術語的意思。

影響與受影響是一種愛的關係

科學探究人類事務的一大絆腳石，無疑就是人很難承認潛意識的存在及其重要性。人類當然早就曉得潛意識，譬如，他們曉得念頭的來去、重拾遺忘的記憶或召喚靈感（無論善意或惡意），而且曉得這一切的箇中滋味。可是直覺的認識事實與知性的理解潛意識及其地位，這中間的差別有如天壤之別。要發現潛意識需要極大的勇氣，而這項發現永遠要歸功於佛洛伊德。

勇氣是必要的，因爲，一旦接受潛意識，就早晚會走上一條十分痛苦的道路：我們不得不承認，不論多麼希望把邪惡、獸性和不好的影響看作身外之物，是外界強加在我們身上的東西，到最後，終究還是會發現，不論人們做了什麼事，或是什麼影響刺激了他們，這些都還是人性本身，也就是**我們自己**。這個世上當然有所謂的有害環境，可是（倘若我們有了好的開始），在我們克服這種環境時所遭遇的難題，主要還是來自內心的根本衝突。這一點人類早就在靈光一閃中曉得了。可以說，自從出現第一個自殺者以來，人類就知道這件事了。

人類也不容易接受自己天性中良善的面，往往把榮耀歸諸上帝。

因此，一碰到人性，我們的思考能力就很容易被恐懼所阻礙，因爲我們會對所找到的一切意義感到害怕。

在承認人性的潛意識以及意識的背景裡，我們可以研究人際關係的細節，並從中獲益良多。這個龐大主題有個層面，可以用下面幾個字來顯示：影響與受影響。

研究「影響力」在人際關係中的作用，對老師而言向來都很重要，對研究社會生活及現代政治的學生來說，也令他們格外感興趣，這項研究帶領我們思考了或多或少是屬於潛意識的感受。

有種人際關係只要了解了，就有助於說明影響力的某些問題。這種人際關係的根源，就在個人生命初期的哺乳時刻。小孩在吃奶的時候，同時也在接受、吸收、消化、記憶和捨棄環境中的人事物；即使長大了，能夠發展別種關係，早期這份關係仍或多或少會存留一輩子。我們在日常用語中可以找到許多字眼或詞句，既能描述我們跟食物的關係，也能描述人與不能吃的東西。把這一點放在心上，再來看看我們所研究的問題，或許就能有更進一步、更清楚一點的洞見。

有的寶寶顯然怎麼吃都不滿足，有的母親則是急切的希望寶寶接受她所提供的食物，但卻充滿挫折。我們也可以說，有些人同樣的不滿足，同樣在人際關係中感到挫折。

譬如，有個人感到空虛，而且害怕空虛，他怕這份空虛感會讓自己的胃口好得想吃人。這個人的空虛不無道理：也許是好朋友過世了，或是他失去了某樣珍貴的寶貝，或者是有個主觀因素讓他感到憂鬱。這樣的人需要找個新的對象來填補空虛，用新人來取代失去的舊人，用一套新觀念還是新哲學來取代他所失去的理想。我們看得出來，這樣的人特別容易受影響。除非他可以承受這份憂鬱、悲傷或絕望，等待自己自然復原，否則就必須尋找新的影響力，或是屈服於碰巧出現的強大影響力。

我們也可以想像一個極需要去付出的人，他需要去滿足別人、去抓住人心、去向自己證明，他付出的東西是絕對美好的。當然，我們會在潛意識裡對此感到懷疑。這樣的人通常需要靠著教書、搞組織、做宣傳活動，影響他人採取行動，來達到自己的目的。這種人如果當媽媽，就容易餵食過度，或是愛對小孩發號施令。在焦急熱切的想要餵食，與我所描述的焦急飢餓之間，有個關係：害怕他人會餓得發慌。

好爲人師的正常驅力無疑就在這幾條軌道上。在某個程度上，爲了心理健康，人人都需要工作，老師跟醫師護士都一樣。我們的驅力是否正常，主要看焦慮的程度而定。可是，整體上來說，我想學生寧可老師沒有這份急切想要教書的需求，因爲這份需求只是爲了把老師個人的難題推得更遠一點。

好啦，我們很容易就可以想像，當這兩個極端的人，當挫折的付出者碰上挫折的接受者時，會發生什麼事？這一個心靈空虛的人急著尋求新的影響力，另一個人急於想要抓住人心，發揮影響力。在這個極端的例子裡，我們可以說，有個人將另一個人整個「吞」了下去，結果像是個相當荒唐可笑的扮演。一個人被另一個人併吞的這種情形，可以說明我們經常碰到的「僞裝的成熟」，也可以解釋爲何有的人時時都像在演戲。一個扮演英雄的小孩可能很乖，可是這種乖似乎多少有點不穩定。另外一個小孩很壞，他扮的是既受人景仰又令人害怕的壞蛋，他讓人覺得他的壞並不是天生的，反倒像是身不由己，只不過是這個小孩所扮演的角色而已。我們常常發現，生病的小孩其實是在模仿某個剛剛因病過世的人，而死者正是小孩所深愛的人。

我們將會看到，影響者與受影響者的密切關係是一種愛的關係，但它很輕易就會被人誤認爲眞愛，尤其是雙方當事人。

師生關係就是一種影響與受影響的關係

大多數的師生關係就介於這兩個極端之間。在這份關係裡，老師喜歡教書，教書的成就讓他們感到安心，不過他並不需要靠這份成就，才能保持健康的心理；學生也可以享受老師的教誨，但不會有任何焦慮，或是言談舉止非得跟老師一樣不可，或必須牢牢記住老師的教學方式，或深深相信老師的一切教誨。老師必須能夠容忍學生提出質疑或懷疑，就像母親容忍小孩對食物有個別喜好一樣，而學生也必須能夠容忍，無法立即的或可靠的從老師那裡獲得可以令人接受的知識。

以此類推，在教師行業中某些最熱心的成員，在教導學生的實際工作上，可能會因熱心過度而產生侷限，因爲這份熱心使他們無法容忍學生仔細探究和檢驗他的教學，也無法承受遭到學生拒絕時的最初反應。在教學中，除了病態的藐視以外，這些令人討厭的事都是無法避免的。

同樣的考量也可以拿來研究父母的教養方式。的確，要是父母用影響與被影響的人際關係來取代愛，這樣的關係越早進入小孩的生命，留下的影響力就會越大。

假如一個女人想做母親，卻從來不願滿足小孩在排泄時想要弄髒衣服的慾望；或是她的便利與小孩的自發性起衝突時，她又希望不必克服這些問題，那麼我們就可以說她的愛太表淺了。她可能會對小孩的慾望置之不理。要是她的置之不理成功了，她就會被視爲遲鈍。而且這種成功也很容易變成失敗，因爲從小孩的潛意識裡跑出來的抗議，很可能會出人意料的以大小便失禁的形式出現。教學不也是這樣嗎？

老師想要教得好，就得容忍自己在自發性付出或餵食時遭遇的強烈挫折感。小孩在學習教養時，自然也會感受到劇烈的挫折，但老師的訓誡並不能幫助他變得有規矩，反倒是老師自己容忍教學帶來的挫折，可以達到身教作用，因爲身教遠比言教更有效。

承認「教學終究難以完美，犯錯是無可避免的」，並沒有辦法結束老師心中的挫折，況且有時老師是有可能表現得很惡劣或不公平，甚至眞的幹出壞事來。但是比上述這些更難承受的是，老師最用心的教學有時也會遭到拒絕。小孩來上學時，同時也將自己個性和經驗中的疑惑和懷疑帶到學校裡來，那是他們的情感發展受到扭曲的重要部分；小孩很容易把他們在學校裡遭遇的事情加以扭曲，因爲他們期待在學校複製家庭環境，或是希望學校可以跟家裡完全相反。

老師必須承受這些失望，同樣的，小孩也必須承受老師的情緒、性格與壓抑。有時，連老師也免不了會有起床氣，心情不好。

我們看得越多越仔細，就越明白，假如老師和學生都活得健康，他們就都犧牲了彼此的自發性和獨立性，但這是教育很重要的一環，跟各科目的傳授與學習同等重要。總之，就算各科目都教得很好，但是「互相遷就」這個足以爲訓的實例不見了，或是被某個人對另一個人的支配給壓倒了，這種教育還是貧瘠的。

我們可以從上面這一切探討推論出什麼呢？

當我們想通了這一切，就會得出一個結論：沒有什麼比單純的學術成就或失敗，更容易誤導我們對教育方法的評價了。那種成就只意味著，小孩找到了最簡單的方法，來對付某位老師、某項科目或整個教育，那也就是奉承，是張開嘴巴閉上眼睛，或者不加批判與思考，就整個囫圇吞下。這是錯的，因爲它表示徹底否認掉眞正的疑惑與懷疑。在個人的發展上，這種形勢是無法令人滿意的，但對獨裁者而言，卻是至高無上的樂趣。

我們仔細考慮過影響力及其在教育上的特有地位後，已經看清楚教育的濫用，在於誤用了孩子最神聖的特質：**自我懷疑**。獨裁者太了解這一切了，才會提供一個沒有疑惑的人生，藉此來發揮他的權力。多乏味啊！

教育也需要診斷

一個醫生的話，可以給老師們什麼幫助呢？醫生顯然無法教老師如何教書，也不能要求老師用治療病人的態度來對待學生，畢竟學生不是病人，至少，在他們受教時不是。

當一個醫生來觀察教育界時，他很快就會產生一個問題：醫生工作的基礎全部建立在診斷上；但是，在教學上，有什麼是跟診斷相呼應的呢？

診斷對醫生來說極爲重要，以致有一度醫學院竟忽略了治療這個主題，甚至把它貶到角落裡去，教人輕易的遺忘了。大約三、四十年前左右，醫療教育還處在這個階段的顛峰時期，那時人們熱烈談起醫學教育的新階段，還認爲應該把治療當作教學的重點。現在我們則是有著令人注目的治療方法：盤尼西林、提高安全性的手術、白喉免疫等等，這些進展讓大衆誤以爲醫學進步了，根本不曉得這些進展威脅到了「正確診斷」這個正統醫學的根基。假如有人生病發燒，吃了抗生素就痊癒了，他會以爲自己得到良好的治療，可是從社會學的角度來看，這卻是個悲劇，因爲藥物對病人發揮功效，醫生就不必費心去診斷了，這其實是盲目的處置。根據科學基礎做診斷，是醫學傳統中最可貴的部分，也是跟民間療法和跌打損傷等快速療法之間的最大差別。

問題是，當我們探討教育問題時，有什麼是跟診斷這回事相呼應的呢？我的看法可能未必正確，可是我還是不得不說，在教學和醫生診斷之間，眞正雷同的東西恐怕很少。我跟教育界打交道時，內心常常對一般兒童普遍沒有接受診斷就受教育感到不安。除了明顯的特例之外，我想這個籠統的說法確實不假。總之，不妨聽聽一個醫生的意見，看看教育界如果認眞執行相當於診斷的措施，到底會有什麼收穫。

先來看看我們在這方面已經做了什麼？每所學校都有個類似「診斷」的作法——假如有個小孩令人討厭，學校的作法就是將他甩掉，不是退學，就是逼他轉學。這對學校或許是好的，對小孩卻不好，老師多半都會同意，這樣的孩子最好是一開始就淘汰，因爲委員會或校長「發現此刻無法再多收一個學生」。不過，拒絕一個不好的學生入學，會不會也同時把特別有意思的小孩排除了？這一點可是連校長都沒有把握。假如有個科學方法可以挑選學生，學校肯定會採用的。

目前有科學方法可以測量智力，那就是智商測驗。各式各樣的測驗都很出名，使用的人也越來越多，不過這些測驗的用處有時被過度誇大了，但落在智商測驗兩極的結果，有時倒是頗有參考價值。我們可以從這些小心翼翼準備的測驗當中，了解一些有幫助的事，好比一個日子過得不好的孩子，還是可以達到中等智商，這一點顯示，假如不是教學方法錯誤，就可能是小孩的情感難題阻礙了進步；而當一個孩子的智力遠低於一般標準，幾乎就確定了他的頭腦不好，所以無法從專爲金頭腦孩子設計的教育中獲益。至於心智不健全的特徵，通常在測驗之前就相當明顯了。一般認爲，任何教育體系都應該把進步遲緩的孩子送進特殊教育班，再把智力發育更遲緩的孩子送去職訓中心。

類型不同，需求也不同

到目前爲止，一切都還好。只要有科學方法，就可以做診斷。不過，老師多半都覺得，一個班級同時容納聰慧和愚鈍的孩子是天經地義的事，只要班級不是太大，老師都會調整自己來配合學生的各種需求，盡量做到個別指導。眞正困擾老師的不是孩子的智力程度不一，而是他們的情感需求不同。在教學上，有的孩子需要塡鴨式的方法才能茁壯，有的孩子則必須低調的照自己的速度、用自己的方法來學習。至於紀律，每個團體都不盡相同，沒有任何嚴格而快速的規矩可以百分之百奏效。愛的教育在這所學校可能管用，但在另一所卻失效了：自由、慈愛和容忍，就像嚴格管教一樣，也可能產生不良的後果。此外還有這個問題：各類型孩子的情感需求——對老師的依賴程度，以及孩子對老師發展出來的成熟和原始感情，都各不相同。好老師雖然會設法區分它們，但是爲了多數孩子的緣故，還是不得不犧牲少數幾個孩子的明顯需求，因爲學校如果要顧及一、兩個學生的特殊需求，多數學生又會騷動不安。對這些日復一日盤據老師心中的大難題，身爲一個醫生，我的建議是，在診斷方法上多盡點力。或許麻煩就出在沒有好好分類；或許，下面的建議會有用。

在任何一群孩子中，都有家庭美滿與不美滿的。前者自然會運用家庭來發展自己的情感。在這種情況下，對小孩最重要的是測試確定（testing out）和行動上的宣洩，這兩者都會在家裡進行，這種小孩的父母有能力也有意願負起責任。這種小孩上學是爲了充實自己的生活，是爲了學習功課。即使學習令人厭煩，他們也會每天用功好幾個小時，努力通過考試，最後像父母一樣找份謀生的差事。他們十分期待團體遊戲，因爲這是在家裡做不到的，不過「遊戲」這個字眼的一般涵義，還是跟家庭以及家庭生活的周邊比較有關。相較之下，其他孩子來上學則是爲了別的目的。他們來上學的時候心裡想，學校或許可以提供家裡做不到的事。他們不是來學校學習的，而是離家來找一個外面的家。這表示他們在尋求一個穩定的情感環境，好在此練習情感能力，他們尋找的是一個可以逐漸融入的團體，一個可以測試確定、可以承受攻擊能力和容忍攻擊念頭的團體。然而，我們居然把這兩種學生編在同一個班級裡，這是何等奇怪的事啊！我們應該設立不同類型的學校，不要靠運氣，而是靠計畫，來配合這些具有極端特徵的團體。

老師們會發現，自己的性情到底更適合採取哪種型態的管教。第一群小孩大聲要求適當的教學，重點在學業的指導，他們是那些住在美滿家庭裡的小孩（或是有美滿家庭可回的住校生），也是老師最滿意的教學對象。至於另一群家庭不美滿的小孩，需要的是有組織的學校生活，由適當的教職員來爲孩子安排正常的飲食，監督孩子的衣著，處理孩子的情緒和他們在順從與不順從間會有的極端表現。強調的是**管教**。在這種型態的工作裡，挑選老師的標準應該是著重性格的穩重或是有滿意的私生活，而非算術能力很強。不過，這種作法只有小班級才做得到；假如一個老師同時要照顧太多學生，怎麼可能認識每個小孩？怎麼可能爲了配合變化而每天調整教學內容？怎麼有辦法區分像潛意識造成的躁狂發作（maniacal outburst），和有意識的挑戰權威這種事情？在極端的例子裡，學校一定要採取必要的步驟，也就是提供學生宿舍做爲家庭生活之外的另一個選擇，這樣學校才有機會來做些眞正的教學。在小型宿舍裡能得較多的收穫，因爲人數不多，每個小孩都可以由一小群穩定常駐的舍監，長期用個人方式管教。學校舍監必須面對每個小孩從家庭生活裡帶來的習性與問題，這是費時而又棘手的工作。這點再次證明了管教這些孩子時，一定要避免人數過多。

各校校風不同，男女教師的教法也不盡相同，挑選私立學校時，我們自然會從這些方向去著眼，透過代辦處和各校的風評，父母多少會做出正確的選擇，小孩往往會發現自己似乎進對了學校。不過，公立托兒所又是另一回事了。政府用相當盲目的方式，規定孩子必須上住家附近的托兒所，但我們實在不明白，各社區怎麼可能有足夠的學校，可以滿足這些極端的需求。政府或許可以理解心智不健全的小孩和聰明小孩之間的差別，可以注意反社會的行爲，可是要區分小孩是否有美滿家庭這麼微妙的事情，卻是極爲困難的。假如政府嘗試去區分家庭的好壞，一定會犯下嚴重的錯誤，而這些錯誤必然會干擾了特別好的父母——那些不遵循常規且不打算露面的人。

儘管有這些困難，還是很值得大家留意孩子的家庭是否美滿這個事實。

極端的例子有時反而可以有效的說明觀念。要說某個小孩反社會，是因爲他的家庭沒有發揮應有的功能，而需要特別的照顧，是很簡單的，況且這一點可以幫助我們看清楚，「正常小孩」已經可以分爲兩種，一種來自運作順暢的家庭，對他們而言，教育只是受人歡迎的錦上添花；另一種則是期望從學校得到家庭所欠缺的必要特質。

這個問題甚至可能因爲下面這個事實而變得更加複雜：有些被分類爲缺乏良好家庭的小孩，其實是有個好家庭，但卻因爲自己的個人難題，無法善加利用。許多兒女成群的家庭，都有一個無法管教的難纏小孩。不過，我只是爲了說明上述的論點，才簡單的把那些家庭可以妥善處理的小孩，跟那些家裡無法應付的小孩一分爲二。要進一步發展這個主題時，還必須進一步區分，那些有了一個好的起步之後，家裡才令他們失望的小孩，以及那些從一開始接觸這個世界時，就完全沒有得到令他滿意而持續的接引和照顧，甚至連襁褓初期都沒有得到呵護的小孩。後者的父母本來可以給他們這些必要的呵護，卻因爲開刀、住院、生病等緣故而不得不離開孩子，因此中斷了照顧的過程。

我嘗試用短短幾段文字表達，教學也可以像醫界那樣，把基礎奠定在診斷上。爲了能說得更清楚些，我只列舉了一種分類，這並不表示沒有別的、或是更重要的方式來區分孩子。根據年齡和性別的區分，老師們顯然早就做過許多討論。根據精神醫學的類型做進一步的分類，應該也很有用。把孤僻內向和專心貫注的孩子，跟外向和心有旁騖的孩子，集中在同一個班級來教，這不是很奇怪嗎！用同樣的教材來教心情沮喪時期和無憂無慮階段的孩子，也很奇怪呀！用同一種教法來處理眞正的興奮和不穩且暫時性的爲反抑鬱而上揚的情緒，天底下怎麼會有這等怪事啊！

老師們當然會靠本能來調整自己和教學方法，以便適應千變萬化的情況。就某個意義而言，這個分類和診斷的想法甚至已經有點兒老套過時了。但我還是建議，正式的教學應該以診斷爲基礎，就像優良的醫療實務一樣；光憑特別有才華的老師的直覺判斷來調整自己和教學方法，對整個教育界來說，並非上策。這一點在政府的教育推廣計畫上，尤其重要。因爲那些政策推廣往往只是干擾了個人才華的發展，徒然在數量上增加了大家習以爲常的想法與作法而已。

害羞與神經質

專注於病人（這個被帶來看病的人）的個別需求，是醫生的職責，至少目前是如此。因此，醫生可能不太適合來跟老師談話，因爲老師從來沒有機會把注意力只放在一個學生身上。他們也想照顧個別學生的福祉，卻又因爲怕妨礙整體學生的權益而作罷。

不過，這並不表示，老師沒有興趣研究他照顧的每個孩子。因此，醫生的話或許可以讓他看得更清楚，好比，在小孩害羞或害怕時，究竟是怎麼回事。增加了解可以減少焦慮，還能做出更好的管理，甚至可以直接給出小小的建議。

有件事醫生可以做的比老師多。醫生因爲從父母那兒得知小孩過去和目前生活的樣貌，便可以把小孩的症狀、性格以及內外在經驗的關係串起來，可是，老師並沒有足夠的時間和機會來做這件事。不過，老師也不必因此而感到懊惱，因爲不是每個診斷機會都派得上用場。老師通常曉得孩子的父母是哪種人，尤其是當父母「不可思議」、過度挑剔或者疏忽時，老師便知道孩子在這個家庭的處境了。可是，單單這樣還不夠。

就算忽略了小孩的內心發展，小孩的狀態還是有不少蛛絲馬跡可尋，好比他可能經歷過某個鍾愛的兄弟姊妹、阿姨或祖父母的死亡，甚至失去父親或母親。有個小孩本來很正常，可是自從哥哥出車禍喪生那一天起，他就變得孤僻、四肢疼痛、失眠、討厭上學、不愛搭理人。我很快就發現，根本沒人費心去留意這些事實，也沒有把其中的因果兜起來。這些事情父母最清楚，可是他們自己也很悲傷，反而沒有察覺到，小孩的改變與親人的過世有關。

老師跟校醫不了解前因後果，結果都在管理上犯了一連串的錯誤，讓渴望得到了解的孩子反而更加困惑。

大多數孩子的神經質與害羞的起因，當然就沒有這麼簡單；更常見的情況是，根本找不到明顯的外在刺激因素。至於老師的責任是，假如這個因素存在的話，絕對不可以錯過。

我始終記得一個非常簡單的類似案例——有個天資聰穎的十二歲女孩，在學校裡突然變得神經質，夜裡也會尿床。似乎沒有人想到，她是因爲心愛的弟弟死了，正在跟悲傷奮鬥。弟弟因爲感染發燒去住院，本來只說要去一、兩個星期，可是他的病情急轉直下，先是出現疼痛，後來證實是髖關節得了結核病，一直無法康復出院。當時姊姊跟全家人都很慶幸他住進了一家很好的結核病專門醫院。後來，他所承受的疼痛和折磨越來越多，最後當他因綜合結核病過世時，她替他感到鬆了一口氣。他們都說，這是個快樂的解脫。

事件進展的方式使她從未感到劇烈的悲傷，然而傷痛依然存在，等著她去面對。我出其不意的問她：「妳非常喜歡他，對不對？」結果她一時失控，竟淚如雨下。宣洩後的結果是，她在學校的表現恢復正常了，夜間尿床的情形也根治了。

像這樣直接治療的機會並不常見，不過這個個案說明了老師和醫生的無助，因爲他們並不曉得如何得到正確的病歷。

有時候，只有在經過許多調查之後，我們才能下診斷。有個十歲的小女孩就讀一所格外花費心思照顧個別學生的學校。她的老師告訴我：「這個小孩既神經質又害羞，就像別的孩子一樣。我自己小時候也很害羞，很了解神經質是怎麼回事。在我的班上，我通常可以應付神經質的孩子，所以不出幾個禮拜，他們就沒那麼羞怯了。可是，這個小女孩卻教我束手無策，不管我怎麼努力，她似乎都沒有改變，既沒有變好，也沒有變糟。」

後來，這個小女孩接受了精神分析的治療，她表面的羞怯在隱藏的猜疑心被揭開和分析過後才痊癒：這是一種嚴重的精神疾病，只有透過分析才能夠解決。老師說對了，這個害羞女孩跟其他表面上與她類似的孩子是不同。對這個小女孩來說，所有的善意都是陷阱，所有的禮物都是毒蘋果。在這段生病期間，她沒法學習，又深感不安，她受到恐懼的逼迫，所以必須盡量表現得跟其他孩子一樣，以免洩漏自己需要幫助，因為她認為自己根本沒有希望獲得或接受任何的幫助。小女孩接受治療一年後，原來的老師就有辦法像管教其他孩子一樣管教她了，最後小女孩順利融入學校生活，表現傑出。

偽裝成被害的自我保護方式

有些過度神經質的孩子，為了自我保護會在心理上偽裝成被害狀態，適度的將這些孩子跟其他孩子分開來是有幫助的。這樣的孩子通常會被迫害，是因為他們會在不自覺中自找麻煩——我們幾乎可以說，有時候他們在潛意識裡會把同伴變成欺凌弱小的惡霸。他們雖然會為了對付共同的敵人而結盟，但是並不容易結交朋友。

這些孩子來看我的時候，都有各種疼痛和胃口的問題，有趣的是，他們通常都抱怨老師會打人。

幸好我們曉得，他們的抱怨並不屬實，而是個比較複雜的問題，通常是純屬小孩的妄想，有時則是狡猾的謊報，但這些通通是小孩心中苦惱的象徵，這些象徵正是更糟的、隱藏的潛意識迫害跡象，因此對小孩來說就更嚇人了。

學校當然也有壞老師，有的老師會惡意鞭打小孩，可是我們很少遇到這種情況。小孩的抱怨幾乎總是被迫害型的心理疾病症狀。

許多孩子持續幹些小壞事，因而製造出一個不斷處罰孩子的眞正迫害型老師，藉此來解決自己的被害妄想問題。老師會爲了這樣一個小孩，被迫採取嚴厲措施，一個班級裡只要有一個這樣的小孩，就會爲全班帶來嚴格的管教，其實這麼做只對一個小孩「好」而已。有時候，把這樣的小孩交給不知情的同事，就可以合情合理的管教其他心理健康的學生。

記住神經質與害羞也有健康正常的一面，這才是明智之舉。在我的門診裡，只要小孩缺乏正常的害羞，我就可以認出某種心理疾病。有個小孩在我爲另一個孩子檢查時在附近逗留，他並不認識我，卻直接走向我，還爬到我的膝蓋上來。一般來說，正常的小孩越不敢做的事，這類孩子就會用越大膽的方式來要求；他們甚至公開表示自己偏愛父親，還大聲嚷嚷。

這個正常的神經質，在蹣跚學步的小孩身上看得更明顯。一個不怕倫敦街道或暴風雨的小孩是有病的。這種小孩的內心有著可怕的事情，這點跟其他小孩的內心一樣，但他無法承受在外界發現它們的危險，他不敢讓自己的想像力天馬行空，像野馬般脫韁而去。父母和老師自己也逃向現實，以此來抵禦無形、怪誕、幻想的事物，但他們有時反而會被騙，以爲不怕「狗狗、醫生和黑人」的小孩，才是聰明勇敢的。可是說眞的，小孩子應該要有能力感到害怕，才能藉由在外界的人、事和情境看見惡，以解脫內心的惡。現實感測試（reality-testing）的動作只能逐步修正內心的恐懼，而且對任何人來說，這個過程永遠沒有完成的一天。坦白說，一個不會害怕的小孩，若不是鼓起勇氣假裝的，就是生病了。不過，假如他病了，心中充滿恐懼，他仍然可以再度感到安心，關鍵全看他是否也能在外界看見自己內心的善而定。

所以，害羞和神經質都是需要診斷的事，並且要根據孩子的年紀來考量。正常的小孩可以教，生病的小孩只會白白浪費老師的精力和時間；在這個原則上，處理每樁個案時，針對症狀下正常或不正常的結論是很重要的。我已經建議過，適度掌握病史是有幫助的，重點是，我們還得對小孩的情感發展過程具有相當的知識才行。

學校的性教育

我們不能把所有的孩子通通歸成一類，也不能一概而論。孩子的需求因家庭影響、因他們是哪類孩子、因個人健康而不同。不過，要是想對性教育做個簡短扼要的說明，最好還是說個大概就好，不必拿主要論點去配合個別需求。

孩子同時需要三件事：

⑴他們需要周圍有信得過的人可以吐露祕密，這些人必須值得信任，能付出友誼。

⑵他們需要提供生物學和其他學科的教導——一般認爲，生物學（在已知的範圍內）可以教導孩子有關生命、成長、繁殖和生物體與環境關係的眞相。

⑶他們需要持續穩定的情感環境，好讓他們用自己的方式去發現性高潮，以及這個高潮如何改變、豐富及開啓複雜的人際關係。

另外，關於性教育的演講，也就是某人來學校演講，講完就離開。這類急著想教孩子性教育的人，我們不要太鼓勵他才好。學校老師做不到的事，也不該容忍別人來做，何況，關於性，有件事比知識更好，那就是讓孩子自己去發掘。

在寄宿學校裡，已婚教職員的家庭人口不斷增加，這是個自然且受歡迎的影響，比好幾場演講更具啓發性和教育意義。至於住家裡的孩子，則接觸得到親戚和鄰居逐漸增長的家庭。

演講的麻煩是，講員將某個困難而親密的東西帶進學生的生活，但時機純屬巧合，而非根據小孩逐漸升高的需求而定。

另一個缺點是，有關性的談話很少提供一個眞實而完整的畫面。例如，講員總難免帶有一些偏見，好比女性主義者會說，女性是消極的，男性是主動的；有的人則會避談性遊戲，只談成熟的、生殖的性；還有人更是絕口不提育兒的辛苦，只談感情這種謬誤的母愛理論等等。

就算是最好的演講，也會讓這個話題變得貧瘠。這個主題若是用實驗和經驗從內心來接近，就有無限的豐富潛能。可是只有在成熟的大人創造出來的氣氛下，健康的青少年才能發現自己渴望的是身心靈的水乳交融。儘管有上述的種種顧慮，但似乎還是有空間可以讓眞正的專家（特別是研究性功能的人），來呈現這類知識。由老師邀請專家來學校跟教職員談話，有系統的來討論這個主題，難道不是一個可行之道嗎？這樣的話，老師可以在更穩固的知識基礎上，用自己的方式來幫助學生。

對孩子來說，自慰是極為重要的性的副產品。沒有任何關於自慰的談話可以涵蓋這個主題，這個主題太個人、太私密了，只有私下跟好友或知己談才有價值。告訴整群孩子自慰無害是沒有用的，因爲自慰對其中一個小孩可能是有害的、有強迫性的，是個大痲煩，事實上還是精神疾病的跡象。但對其他孩子來說，或許是無害的，甚至根本沒有任何痲煩，一旦提及此事，暗示它可能有害，又會把事情搞得更複雜。不過，小孩確實很希望可以找個人談談這些事，母親應該做那個可以讓小孩毫無顧忌討論心事的人。假如母親做不到，一定要有別人代勞才行，甚至可能需要安排一次心理會談；不過，這個困難無法在性教育課程中解決。此外，性教育也會嚇跑詩意的創意想像，徒留性功能與性器官孤立無援，泡在陳腔濫調裡。

奔放的意念和想像力會引起身體的反應，這些反應跟意念應該受到同等的尊重與照顧。不過，這段話可能在藝術課上說，比較合情合理。

照顧青少年的人有個顯而易見的難題，那就是，假如那些主張性解放的人要讓孩子在性方面去探索自己和彼此，但卻盲目到無視於某些女孩可能因而懷孕，這種高談闊論是毫無用處的。這問題當然很眞實，而且必須要面對，因爲私生子的處境不幸，成長過程也比一般小孩艱苦；除非這個私生子從小被領養，否則他在成長過程是一定會留下心靈創傷的，而且這個疤痕可能還相當醜陋。每個管教青少年的人，都必須根據自己的信念來解決這個問題，並要考慮以下這個事實：在最好的管教下，仍有風險，也可能發生意外。公立學校根本沒有明令禁止性行為，但私生子卻少得驚人，如果有人懷孕，通常有一方是有心理疾病的。例如，有個小孩潛意識對性心生恐懼，並從性的遊戲中逃開，卻反而一腳跳進假的性成熟裡去。許多小孩在襁褓時不曾有過滿意的母子關係，直到遇到性才首次進入人際關係，因此性關係對他們來說極為重要，但是從外人的角度來看，這個成熟卻極不可靠，因為它不是一步步從不成熟中進展來的。假如在團體裡有一大部分是這種孩子，那麼性的監督必然很嚴格，因為社會所能承受的私生子數量是有限度的。相反的，大多數的青少年是健康的，因此我們必須問：對青少年的管教究竟是要以健康小孩的需求為基礎，還是以社會所害怕的少數幾個反社會的或生病的成員可能會發生的遭遇為基礎？

成年人通常不認為，小孩有強烈的社會意識。同樣的，成年人也不願相信小孩從小就有罪惡感，於是定期灌輸小孩道德觀念，以為這樣可以讓道德感自然發展，成為孩子穩定合群的力量。

青少年通常不想生私生子，也努力避免發生這種事。只要有機會，他們就會在性的遊戲和性關係中成長，最後他們自然會領悟，這整件事的結果就是生小孩。他們可能需要好幾年的時間才能領悟。不過這項發展自然會到來，然後這些社會的新成員就會想到結婚，想到成立家庭，生養小孩。

青少年必須自己達成這段自然發展，性教育幫不上什麼忙。但是，這段自然發展絕對需要一個成熟、放鬆、不帶道德批判的環境。同時，父母和師長，尤其是那些想在青少年成長關鍵時刻幫上忙的人，必須承受得起青少年可能產生的驚人敵意。

當父母無法供應小孩所需要的性知識，師長和校方通常可以彌補這項不足，但不是靠有系統的性教育，而是要豎立典範，靠個人的正直、誠實和無私的奉獻，以及當場解惑的意願。

對於年紀較輕的小孩來說，答案則是生物學，客觀的呈現大自然就好，不要任意過濾課本的內容。剛開始，大多數小孩都喜歡飼養寵物，學習相關知識，認識花朵與昆蟲的習性。在青春期到來以前，他們可以接受進一步的教導，了解動物的習性、適應力，以及牠們改造環境的能力。這裡面就包括物種的繁殖，交配和懷孕的解剖學與生理學。小孩喜歡的生物老師，不會忽略動物父母之間的生動關係，以及演化過程發展出來的家庭生活。我們並不需要刻意將老師所教導的內容運用到人身上來，那樣未免太明顯了。小孩比較可能會主觀的拿人類的感情和幻想來詮釋動物的行爲，而非盲目的將動物本能套用到人類身上。生物老師就像其他科目的老師，都需要有能力指導學生保持客觀和堅持科學方法，甚至預料得到這門學科對某些小孩來說，將會非常困難。

教生物對老師來說，可能是最愉快刺激的工作，主要是因爲許多學生很珍惜這門介紹生命的課程（其他人當然比較是透過歷史、文學經典或宗教經驗，才領悟了生命的意義）。不過，把生物學運用到小孩的私生活和情感上來，那又是另外一回事了。老師就是透過對微妙問題的巧妙回答，把一般性的知識與特殊個案串連了起來。畢竟，人類不是野獸，他們是生物加上豐富的幻想、精神、靈魂或內心的潛能而成的。有的小孩是透過身體才接觸到靈魂，有的則是透過靈魂才接觸到身體。而一切教養和教育的格言都應該是：主動適應。

總的來說，關於性，我們應該提供孩子充分而坦白的資訊，但與其把這事看成問題，還不如把它當作小孩與他熟識、信任對象的一種人際關係。教育無法取代個人經由探索及領悟所學到的心得。眞正的壓抑是對任何教育都抗拒的，在一般人平常根本不會主動尋求心理治療的情況下，這些壓抑最好透過朋友的體諒和了解來幫忙解決。

去醫院探視小孩[1]

從出生起，每個小孩都有一條生命線，而我們的責任是不要讓線斷掉。嬰幼兒體內有個持續的發展進程，只有獲得穩定的照顧，這個進程才能夠穩定發展。小嬰兒一旦開始跟人建立關係，這些關係就非常強烈，隨便介入是有危險的。這一點不必我多說，媽媽自然會把關。而且，在小孩做好準備以前，媽媽是不會讓他們離開的，就算小孩不得不離家，媽媽也會迫不及待的跑去探望。

目前就有一波病房探視熱潮。這個熱潮的麻煩在於，人們可能會對眞正的困難置之不理，因此遲早會引起反彈。我們能讓大家講道理的唯一辦法是，讓人們了解贊成和反對探病的理由。不過，從護理的觀點看來，探病還眞有些不小的難處。

其實，護理長爲什麼要來做這份工作呢？起初，或許是爲了自力更生；後來，她竟愛上了這份工作，變得熱心，還花了好大一番功夫，學會非常複雜的技巧，最後才能成爲一個護理長。身爲護理長，她的工作繁重，時間又長，一刻也不得閒，因爲好的護理長永遠都不夠，但這份工作又很難分給別人。護理長要負責照顧二、三十個小孩，個個都不是自己的。這些小孩多半都病得很重，需要熟練的護理。她必須對所有病童得到的護理照顧負責，甚至要為手下的資淺護士負責。她為了讓小孩早日康復，而嚴格遵照醫師指示，確實執行。此外，她還必須分身應付醫生和醫學院的學生。

沒人來探病時，護理長親自照顧小孩，心中的善意也油然而生。她時常掛念自己負責的病房，所以寧可來上班，也不願下班。有些小孩非常依賴她，她下班前也一定親自來跟這些孩子一一道別，而他們也都想知道她何時會回來。這整件事彰顯了人性最美好的一面。

那麼，要是我們去探病了，又會發生什麼事呢？事情立刻就改觀了，這是很有可能的。從有人來探病起，小孩的責任就不全然在護理長身上了。這個作法可能行得通，護理長或許也很高興有人可以分擔她的重擔；可是，如果她忙得不可開交，病房裡又有相當惱人的病童，再加上煩人的媽媽來探病，那還不如讓她一個人忙來得簡單些。

我如果說一些探病期間發生的事，肯定會令人大吃一驚。父母離開以後，小孩通常都病倒了，原因不必問也曉得。這些小插曲或許沒什麼大不了，不過這表示小孩吃了不該吃的東西，或是給有特殊飲食限制的小孩吃了糖，結果徹底打亂了未來的治療依據。

實情是，探病期間護理長不得不撒手不管，我想有時她眞的不曉得那段期間到底發生了什麼事，即便知道她也愛莫能助。而且，除了飲食不當之外，她還要擔心小孩會不會遭到感染。

醫院有位非常優秀的護理長，曾經告訴過我另外一個難處：自從醫院開放天天探病以來，媽媽們老以爲自己的小孩整天都在醫院裡哭泣，這當然不是實情。這些淚水其實是媽媽引起的。每次媽媽來探病，小孩就想起她，就想跟她回家，所以媽媽走的時候，小孩自然會嚎啕大哭。可是我們認爲，對小孩來說，這種傷心的害處比漠不關心小多了。假如媽媽必須離開小孩很長一段時間，久到連小孩都忘了她，過一、兩天小孩就會復原，不再傷心，還會接納護士和其他小孩，展開新生活。既然如此，就讓小孩暫時忘了媽媽，以後再想起來就好了。

假如媽媽們能夠只探病幾分鐘就出來，並且對此感到心滿意足，那倒也好；可是她們當然不肯。誰都料想得到，她們到病房來都是能待多久就待多久。有些媽媽幾乎是在跟小孩「親熱」；她們帶來各式各樣的禮物，尤其是吃的，還要求得到愛的回應；然後，她們又要告別許久才肯離去，到了門口還拚命揮手，光是爲了說句再見，就把小孩搞得精疲力盡。臨走前，媽媽們還常常跑去找護理長，囉唆小孩穿得不夠暖，或晚餐吃不飽之類的話。只有少數幾個媽媽會特地感謝護理長的辛勞，感謝她肯做這件吃力不討好的苦差事。不過，承認別人把小孩照顧得跟自己一樣好，的確不容易。

所以，父母走了以後，我們如果問護理長：「護理長，假如妳是醫生，妳會如何處理探病的事？」她很可能會說：「我會禁止探病。」不過，心情好的時候，她還是會同意探病是件好事，也是天經地義的。醫生和護士都明白，只要他們受得了，父母也能配合，允許探病是絕對值得的。

我說過，我們發現打亂小孩生活的事都是有害的。母親們都曉得這一點，不過她們樂見醫院開放家長天天探病，因爲在孩子需要住院的不幸期間，這項作法讓她們得以跟小孩保持聯繫。

在我看來，當小孩感到不舒服時，問題反而比較簡單，這時人人都曉得該怎麼辦。跟年紀很小的幼兒溝通，話語毫無用處，況且在小孩覺得很不舒服時，反倒不需要多說什麼。小孩覺得大人一定會做最好的安排，假如需要住院也是可以接受的，當然哭哭啼啼還是免不了的。可是，沒有不舒服的時候，硬是強迫小孩去住院，那又是另一回事了。我記得，有個小孩好端端的在街上玩耍，根本沒有不舒服，但救護車卻突然出現，把她送到醫院去，原來是前一天醫院（透過喉嚨檢查）發現，她是白喉的帶原者。可以想像的是，這件事對小女孩來說有多可怕，醫護人員甚至不准她進屋去跟家人道別。當我們講不清楚時，對方當然會對我們失去信心；事實上，我提到的這名小女孩，後來從未曾眞正的自這次經驗中復原。當時我們若是允許父母去探病，結果或許會比較圓滿。在我看來，就算不爲別的，只爲了及時消除小孩心中的憤怒，也該讓父母去探視小孩。

我雖然把住院接受治療說成不幸，不過我們也有辦法扭轉情勢。小孩的年紀如果夠大，有一次機會住院，或是離家去跟阿姨住一陣子，可能會是個難得的經驗，這經驗讓他有機會跳出來，換個角度看自己的家庭。我還記得，有個十二歲的小男孩，在療養之家住了一個月以後說：「我想，我並不是媽媽的眞正寶貝。我要什麼她都會給我，可是，她並不是眞的愛我。」他說得沒錯。他的母親是很努力，可是她自己有些大難題，因此妨礙了母子關係。小男孩能夠從一段距離之外來了解母親，是件很健康的事。他回去時已經準備用新的方式來處理家裡的情況了。

有些父母解決不了自己的困難，並不是理想的父母。但這又如何影響到探病的事呢？假如父母來探病時，在小孩面前鬥嘴，小孩不但當時難過，事後也會擔心。這事可能會嚴重影響小孩的復原。還有一些父母就是無法信守承諾；他們答應要來，或者說好要帶某樣特別的玩具或書本來，卻一再食言。此外，還有的父母雖然會送禮物、做衣服等種種要緊的事情，卻無法在適當時機，給小孩一個擁抱。這種父母可能會發現，愛一個住院的小孩比較簡單。他們早早就來，能留多久就留多久，帶來的禮物也越來越多。但在他們走後，小孩卻幾乎無法喘息。有個小女孩曾經苦苦哀求我（當時大概是聖誕節前後）：「把病床上那些禮物全部拿走！」因為她被這種間接、與她心情無關的愛的負擔，壓得喘不過氣來。

在我看來，最好還是**不要**讓那些作威作福、不可靠、過度激動的父母來**探病**，小孩才能夠鬆一口氣。病房的護理長手中就有些像這樣的孩子，有時候她會覺得最好**所有的**小孩都不要有親人來探病，這個看法我們並不難了解。她照顧的小孩當中，有的是父母住得太遠無法來探病，但最難的還是沒有父母的孤兒。對護理長而言，探病時間對**這些**小孩一點幫助也沒有，因為他們對人沒什麼信心，所以特別依賴護理長和護士。對於沒有美滿家庭的小孩，住院倒是成了人生中的第一次美好經驗。這些小孩有的對人甚至沒有足夠的信心，所以無法悲傷。他們不得不跟萍水相逢的人交朋友，獨處時他們就前後搖晃，或者用頭去撞枕頭、撞病床的欄杆。父母當然沒有必要因為病房裡有些無依無靠的小孩，就讓自己的小孩受苦，可是，其他小孩若是有父母來探病，只會讓護理長更難照顧這些不幸的小孩。

當諸事順遂時，住院的主要影響是，事後小孩會發明一場新遊戲；以前的遊戲是扮「爸爸和媽媽」，然後有了「學校」，現在則是扮「醫生和護士」。有時候病人是小寶寶，有時候則是洋娃娃或貓狗。

我想說的重點是，醫院允許父母經常到醫院去探視病童，這是向前踏出了非常重要的一步，事實上這是早就該做的改革。我樂見這項新作風，它減少了煩惱，在蹣跚學步年紀的幼兒個案裡，當小孩必須在醫院住上相當長一段時間，能否去探病的利弊差別就很大。我把眞實的難處指出來，是因爲我認爲去醫院探病十分重要。

現在，我們走進兒童病房時，常會看到小孩站在病床上，熱切的想找人說說話，他們多半是這樣的招呼：「我媽咪有來看我喔！」這個驕傲的吹噓是個新現象。還有個三歲小男孩一直哭鬧不停，護士努力想辦法哄他開心，可是連摟抱都沒用，他要的不是這個。最後，她們才發現，把一張特定的椅子擺在他的病床旁，他才肯安靜下來，過了好一會兒，他才有辦法解釋：「那是爹地明天來看我的時候要坐的。」

你瞧，探病這回事絕對不只是在避免傷害而已，這也是可以讓父母了解醫院難處的好主意，這樣醫生護士才能繼續做他們認爲好的事，當然他們也曉得，探病可能會破壞他們的工作品質，那是他們對父母負責而做的。

原註

1 過去十年來，英國醫院的運作已有大幅度的改變。許多醫院都允許父母自由來探病，有需要的時候還可以陪小孩一起住院。一般都認為，這個結果對孩子有好處，對父母也是如此，大多數案例對醫院員工也有幫助。不過，本章還是保留一九五一年寫作時的原貌，因為這項改變尚未遍及所有醫院，況且這項新措施本來就有一些難處，也的確該受到重視（編按：台灣情況不同，父母不僅可以探病，在大部分情況下還可以陪伴過夜）。

青少年犯罪的緣由

少年犯罪是個龐大複雜的主題，不過針對不合群的兒童，以及犯罪與無家可歸之間的關係，我倒是可以說些簡單的事。

要曉得，仔細探究少年感化院的學生，診斷結果從正常（或健康）到精神分裂都有。不過，所有的不良少年都有一個共通點，那究竟是什麼？

在一般家庭裡，男人女人、丈夫妻子會共同爲小孩負起責任。小孩出生後，母親（會在父親的支持下）把小孩拉拔長大，她會仔細觀察小孩的性格，妥善處理他們的個人問題；因爲這些問題所造成的影響，將會從社會的最小單位（家庭）開始擴散出來，進而影響到整個社會。

正常的小孩是什麼樣子？他是不是只要吃東西就會長大，還會變得笑容可掬？喔，才不，他才不是這樣的。一個正常的小孩，假如對父母有信心，就會出盡各種狀況，最後，他會鍛鍊出分裂、摧毀、恐嚇、削弱、濫用、欺瞞以及巧取豪奪的能力。所有可能面對法律制裁（或就青少年而言是收容所）的壞事，小孩嬰幼兒時期在家庭關係中，就全部做過了。假如這個家經得起小孩對它所做的一切破壞，小孩就會安定下來玩遊戲；不過正事得先來，這個家得先通過考驗，尤其是小孩對父母的關係和家（我說的不只是一間房子而已）的穩定性有些許懷疑時，更是如此。小孩假如想要感到無拘無束，想要玩遊戲、畫畫，做個不必負責任的小孩，他就得先意識到體制的存在才行。

爲什麼會這樣呢？這是因爲情感發展的早期充滿了潛在的衝突和分裂。小孩跟外在現實的關係，根基尚未穩固，人格也還沒完全整合；原始的愛帶著摧毀目的而來，但幼兒還沒有學會怎樣容忍和妥善處理本能。假如他有個穩定的、專屬於他的環境，就能學會處理這些事情。假如要他不對自己的想法和想像力感到害怕，在情感發展上有進展，一開始，他絕對需要活在一個恩威並施（因而相當寬容）的環境裡。

要是在小孩把「體制」概念納入自己的天性之前，這個家就毀掉的話，又會發生什麼事？一般的想法是，小孩發現自己「無拘無束」後，就會好好享受。但事實並非如此。小孩一旦發現生命中的體制瓦解以後，就不再感到無拘無束了。他會變得焦慮，要是他還存有一絲希望，就會到家庭外面去尋找體制。無法在家裡找到安全感的小孩，會到家庭外面去尋找類似四面牆壁的東西；因爲他心中還存一線希望，所以會向祖父母、親朋好友、學校尋找，尋找一個外在的穩定性，欠缺這個穩定性他可能會發瘋。要是在適當的時機提供，這個穩定性就會像身體裡的骨頭一樣，長進小孩的心裡，生根茁壯。這樣，在生命剛開始的幾個月和幾年裡，他才能夠逐漸從依賴和需要被管教進展到獨立。通常家裡欠缺的，小孩會從親戚和學校那兒得到。

這個擾亂社會安寧的小孩只是有點偏離軌道，要是他後來能找到穩定性，就能通過情感成長的初期和必要階段，所以他會向社會尋求原本該由家庭或學校提供的穩定性。

尋找父母的小犯罪者

這麼說好了，當一個小孩偷糖吃時，他是在尋找好媽媽，他自己的媽媽，因爲他有權利向那個人索取所有的甜美。這份甜美其實是他的，因爲他從自己愛的能力，從自己最初的創造力中，創造了她和她的甜美，姑且不論那究竟是什麼。我們可以說，他也在尋找父親來保護母親躲過他的攻擊，而他的攻擊其實是在展現原始的愛。當小孩在外面偷竊時，他依然是在尋找母親，可是這回的尋找帶來更多的挫折感，同時越來越需要父親的權威象徵，這個權威不但有能力限制他的衝動行爲所帶來的後果，還會阻止他將興奮時升起的念頭化爲行動。在面對青少年犯罪時，我們比較難以置身事外，因爲我們遭遇的是一個極度需要嚴父的小孩，而這位父親得在小孩找到母親時保護她。小孩記憶中的嚴父可能也很慈愛，可是他得先夠有威嚴又強勢才行。只有當這個威嚴又強勢的父親角色出現時，小孩才能夠恢復原始的愛的衝動、罪惡感以及改過的願望。除非這個不良少年繼續惹事生非，否則他只會越來越怯於尋求愛，以致於越來越憂鬱，甚至出現自我感喪失（depersonalization）的情況，最終，除了暴力以外，他根本無法感受到任何外在現實。

犯罪顯示他還有一點希望。你會發現，當小孩做出擾亂社會安寧的行爲時，不**必然**是生病了；反社會行爲有時候只是一個求救訊號，尋求強壯、慈愛、有自信的人來管教他。不過，在某個程度上，大多數不良少年都病了，用疾病來描述他們也很恰當，因爲在許多個案裡，安全感並沒有及時進入小孩的生命初期，所以無法成爲他的信念。在嚴厲的管教下，一個反社會的小孩似乎毫無問題，可是只要給他自由，他很快就會感受到發瘋的威脅，爲了重建外來的管教，他只好觸犯法律（連本人都搞不懂自己在幹嘛）。

正常的小孩在最初的階段有家人協助，可以培養能力控制自己。他會發展出所謂的「內在環境」，與尋找優良環境的傾向。相反的，這個反社會、生病的小孩，沒有機會可以培養一個良好的「內在環境」，假如他想要感到快樂、有能力遊戲或工作，就絕對需要外來的管教。在正常小孩和反社會的生病小孩這兩個極端之間，還是有孩子可以對穩定產生信心，只要他們能讓愛心人士好好管教幾年就行了。在這方面，一個六、七歲大的小孩，比十歲或十一歲的孩子，更有機會得到幫助。

戰爭期間，許多人都親眼目睹，無家可歸的小孩最終在收容所裡，得到了遲來的穩定環境。在那幾年，我們把有反社會傾向的孩子當作病人來處理。這些收容所取代了爲「社會適應困難」兒童設立的專門學校，爲社會做好了預防工作。在這裡，比較能把少年犯罪**當作一種疾病**來治療，因爲大多數孩子都還沒有上過少年法庭。這裡的確是把犯罪當作個人疾病來治療的好地方，也是研究和獲取經驗的好場所。我們都曉得，某些少年感化院做得很好，可是那兒的孩子多半都被法院定罪了，因此做起來比較困難。

這些收容所，有時稱作社會適應困難兒童的寄宿家庭，對那些把反社會行爲看作是求救信號的人來說，因爲有機會盡一己之力，所以也可以從這些個案身上學習。戰時在衛生署管理下的每間宿舍，都有管理委員會。我參加過的委員會，雖是由局外人組成，但卻眞的對宿舍工作的細節深感興趣，也確實負起責任。我們當然也可以把法官選進這樣的委員會，好就近接觸這些尚未踏上少年法庭的孩子。只是單靠參觀少年感化院、收容所，或聽人們談論，都是不夠的。關注的唯一方式是負起一點責任，對那些反社會小孩的管理者，提供我們睿智的支援，即使是間接的也無妨。

在所謂的社會適應困難兒童的學校裡，我們得以放手朝治療的目標努力，也做出了不錯的成績。治療失敗的小孩雖然終究還是步上少年法庭，卻成功的轉變爲國民了。

現在，再回頭來看無家可歸的小孩。除了有些被疏忽的（在這種情況下，他們就成爲不良少年，步上少年法庭）以外，我們可以用兩種方式來幫助他們：一是可以給他們精神治療，二是給他們一個穩定可靠的環境，提供個別的照顧與關愛，再逐步放寬獨立自主的限度。事實上，沒有後者的話，前者（個人的精神治療）也不可能成功。若能提供一個適當的、足以替代家庭的環境，精神治療也會變得多餘；幸好如此，因爲精神治療永遠都是供不應求的。還要再過好多年，我們才會有人數足夠、訓練得宜的精神分析師，可以爲提供充分的個人治療，而這是許多案例目前迫切需要的。

個人精神治療的目標是，促成小孩的情感發展。這有好幾層意義，包括培養良好的感受能力，藉以認識外在與內在現實的眞實意義，以及整合個人的人格。充分的情感發展就是意味著諸如此類的事。有了上述這些早期的發展，緊接著才會出現最初的擔心與罪惡感，以及想要改過的早期衝動。家庭提供了人生的第一個三角關係，以及跟家庭生活有關的所有複雜人際關係。

另外，假如一切都順利，小孩會變得有能力去處理自己跟大人、跟其他孩子的人際關係，此外，也還有其他錯綜複雜的難題得開始處理，好比憂鬱的母親、瘋狂的父親、生性殘酷的哥哥以及歇斯底里的妹妹。我們越思索這些事情，就越了解孩子的成長，爲什麼絕對需要家庭背景的支撐；如果可能的話，甚至還要有個穩定的物理環境。從這些思考中我們就曉得，我們必須在無家可歸的小孩還夠小的時候，就給他們一份安定的生活，讓他們感覺到體制的存在，否則以後就不得不送他們進少年感化院，或是送他們走上最後的出路——進牢裡去尋找四面牆壁的穩定性。

就這樣，我又回到「扶持」（holding）和滿足依賴的想法上來。與其日後被迫去擔待生病的小孩或反社會的大人，還不如一開始就把小嬰兒「扶持」好。

攻擊的根源

你已經從本書得到各種稀奇古怪的印象，曉得小寶寶和兒童會尖叫咬人，也會踢人，還會拔母親的頭髮，甚至有攻擊性、毀滅性或種種令人不愉快的衝動。

毀滅性的插曲讓育兒問題變得更加複雜，除了需要處理，也需要理解。假如我能對攻擊的根源做點理論說明，或許能有助於了解這些天天發生的事件。由於我的讀者多半不是心理系的學生，而是實際扶養小孩或小嬰兒的人，那我要怎麼說，才說得清楚這個龐大而困難的主題呢？

簡單來說，攻擊有兩個意思：一個是對挫折的直接或間接反應；另一個則是個人活力的兩大來源之一。進一步思考這個簡單陳述，將會出現非常複雜的問題，在此我只能說明主要的論點。

相信大家都同意，我們不能只談小孩生命中出現的攻擊性本身。這個議題比攻擊性本身更加寬廣；因爲，我們處理的是正在發育成長的小孩，我們最關心的是成長過程的種種進展與變化。

有時候，攻擊性本身會直截了當的出現，又自動消失，或者需要有人來應付它，以免造成傷害。有時，攻擊衝動不會公開展現，而是以某種相反的形式出現。我想，提出幾種攻擊的相反形式，應該是個不錯的主意。

不過，我得先提出一個籠統的看法：儘管遺傳因素使我們成爲現在的樣子，各有各的特徵，但基本假定是人人的本質都是相似的。我是說，有些人性特徵**在所有小嬰兒**、小孩以及各年齡層的**人身上都找得到**。至於從嬰兒期到獨立成人的性格發展的全面性陳述，那是不論性別、種族、膚色、信仰或社會背景爲何，都應該可以適用的。人的外表看來或許各有不同，可是人世間的事卻有個基本的共通點。雖然出生時，這個小嬰兒好像有攻擊傾向，那個小嬰兒卻幾乎毫無攻擊跡象，但是，他們的問題其實都一樣，這兩個孩子只是用不同的方式，來處理自己的攻擊衝動罷了。

假如我們努力尋找攻擊性的起源，可能會在小嬰兒的肢體運動裡找到，這運動甚至在出生前就開始了，不只是胎兒的扭動，還包括四肢的突然活動，這時母親會說她感覺到胎動了。小嬰兒的身體活動了一下，藉由這個活動他經歷到什麼。觀察者或許會稱之爲一擊或一踢，可是這些動作的眞正意義不明，因爲（尚未出生或剛剛出生的）小嬰兒，還沒有變成一個有理性思維與行動能力的人。

所以，想要活動或在活動裡得到肌肉快感，並且從活動和滿足的經驗中獲得一些什麼，是每個小嬰兒體內都有的傾向。如果對這個特徵追根究柢，並從這個角度來描述小嬰兒的發展，我們會注意到攻擊性可以從簡單的動作，進展到表達憤怒的行動，或到表示恨意和控制恨意的狀態。這個描述還可以繼續下去，意外的一擊可能會變成蓄意傷害，隨著這個傷害我們發現，小孩會保護某個愛恨交加的對象。更進一步，我們還可以追蹤小孩如何把毀滅念頭和衝動，組織成某種行爲模式；在比較健康的發展模式裡，這一切都顯示：有意識的和潛意識的毀滅性念頭，以及對這種念頭的反應，會出現在小孩的夢與遊戲中，也會出現在小孩對周遭環境裡適合摧毀的攻擊活動中。

攻擊是小孩區分我與非我的一種方法

我們看得出來，這些踢踢打打讓小嬰兒發現自我以外的世界，因而跟外面的對象[1]開始產生關係。不久後，踢打活動發展成攻擊行爲的一擊。一開始，只是個簡單的衝動，這個衝動引發了活動，並開啓了對世界的探索。在這種情形下，攻擊總是在分清楚什麼是自己、什麼不是。

希望我已經說清楚，雖然人人與衆不同，但每個人又都是相似的。現在，我可以來說說攻擊的某些相反面了。

舉例子來說，膽大和膽小的小孩之間有個強烈的對比：一個會公開表達攻擊性和敵意，並藉此獲得紓解；另一個則會在自己以外的地方找到這個攻擊性，並對它感到害怕，或預期它會從外界朝自己襲來，而爲此憂慮。第一個小孩很幸運，因爲他有機會可以發現，表達敵意是有極限的，敵意是會用光的；相反的，第二個小孩從來不曾達到滿意的終點，只能一直期待麻煩降臨。在某些案例中，麻煩還眞的就一直在那兒。

有些小孩的確習慣在他人的攻擊性上看到自己壓抑的攻擊衝動。這可能會導致病態的發展，因爲生活中未必有足夠的迫害可用，以致小孩不得不靠妄想來揑造。所以，我們會發現這個小孩老是期待被迫害，他可能會在面對假想攻擊的自衛中，變得比較有攻擊性。這是一種疾病，可是幾乎在每個小孩的發展中，都會出現這個模式，它就像是發展的一個階段。

另一種相反面是，我們可以比對容易展現攻擊性的小孩，和把攻擊性壓抑在「心裡」因而變得緊張、過度壓抑和嚴肅的小孩。後者多少會自然壓抑自己的衝動，因此也壓抑了創造力，因爲創造力跟嬰兒期和童年的不負責任以及坦率的生活，有著密切的關係。但是，他雖然失去內心的自由，卻有別的收穫，因爲他已經發展出自制力，還懂得爲他人著想，並且會保護這個世界，以免被小孩的無情給傷害了。這是因爲每個健康的小孩都會發展出設身處地爲人著想的能力，也會認同外面的人與物。

過度自制有一點是很尷尬的：一個連蒼蠅都捨不得傷害的乖小孩，卻會定期爆發攻擊性的感覺和行爲，譬如，發脾氣或做出富含惡意的行爲，這對任何人都沒有正面價値，對小孩本人更是毫無益處，他事後甚至記不得究竟發生了什麼事。這時，父母只能趕快想辦法結束這場尷尬的揷曲，希望小孩長大一點以後，可以用比較有意義的方式來表達攻擊性。

攻擊性行爲另一個比較成熟的出口是，小孩會做夢。在夢中，毀滅和殺戮會在幻想中體驗，這個夢會跟身體的興奮程度有關，是眞正的體驗，不只是腦力練習而已。這個會做夢的小孩已經做好準備，可以玩各式各樣的遊戲了，他可以自己玩，也可以跟別的小孩一起玩。要是夢中含有太多的毀滅成分，或者對他所敬重的對象造成太嚴重的威脅，或者引起混亂狀態，小孩就會尖叫著醒來。這時，母親的責任是在場幫助小孩從惡夢中淸醒，這樣外在現實就可以再次扮演令人安心的角色。這個淸醒過程可能會花上半小時。對小孩來說，惡夢本身可能是個令他出奇滿意的經驗。

我必須在這裡淸楚的區分做夢和做白日夢。把淸醒生活中的幻想串起來，並不是我所說的做夢。做夢跟做白日夢不同，做夢時人是睡著的，可以醒過來。這個夢有可能忘了，可是已經夢過了，這種狀況就是有意義的（有時，做的夢會蔓延到小孩的清醒生活裡來，不過，那又是另一回事了）。

我說過，遊戲會把幻想和可以夢見的，以及潛意識深層甚至最深層的一切，通通拉進來利用。我們很容易明白的一個要點是，在健康的發展中，小孩會有能力接受象徵。一樣事物「代表」了另一樣，這讓小孩能夠從嚴苛真相那粗糙又棘手的衝突中獲得解脫。

令孩子尷尬的是，當他溫柔愛著母親的同時，也會想吃她；或者他對父親愛恨交加，卻無法轉嫁到叔叔身上去；或是當他想甩掉剛出生的弟妹，又無法盡情的表達這個感覺時，只能甩開玩具等等。有些孩子就是這樣，這麼痛苦著。

不過，小孩通常很早就開始接受象徵。這點讓小孩的生活體驗有個轉圜的空間。例如，當小嬰兒很早就接受某個特殊物品並抱著它睡覺時，這個物品同時代表了他們和母親，是團圓的象徵，就像大拇指之於吸拇指的小孩。這個象徵本身可能會受到攻擊，但是也可能比後來的一切所有物更受到珍惜。

遊戲是建立在接納象徵的基礎上，有著無窮的可能性。遊戲讓小孩得以體驗在自己**內在心理現實**中所找到的一切，這是認同感逐漸成形的基礎。那兒既有攻擊性也有愛。

在日漸成熟的小孩身上，毀滅性的另一個非常重要的出口，就是**建設**。我已經試著說明，在有利的環境條件下，這個成長中的小孩會浮現一股建設性的慾望，願意對自己天性中的毀滅性負起責任。當建設性的遊戲出現，而且持續下去，這就是小孩很健康的最重要表徵。這是無法灌輸的東西（就像無法灌輸信任一樣），時間到了它自然就會出現。這是小孩在父母或其他照顧者所提供的環境裡，從整體的生活體驗累積出來的成果。

假如我們不給小孩（或大人）任何機會，不讓他們爲至親效勞，不讓他們「有所貢獻」，去滿足家人的需求，就可以測試出攻擊性和建設性之間的關係。我說的「有所貢獻」是指爲了樂趣而做，或是表現得像個大人似的，同時又發現，這些都是爲了母親的福祉或家庭的運作而做的。這就好像「找到適合自己的工作」：小孩假裝照顧小寶寶、或舖床、或使用吸塵器，或是做糕點等等。如果在場的旁人能夠認眞看待這份假裝的參與，小孩就會獲得滿足感。但是，如果受到嘲笑，它就會變成純粹的模仿，小孩會體驗到生理上的無力感或無用感。在這個關頭，可能會輕易爆發直率的攻擊性或毀滅性。

除了實驗以外，這種形勢可能會在普通的事件裡發生，因爲沒有人了解，小孩需要付出勝過接受。

健康小嬰兒的活動特性是，自然的運動以及故意碰撞東西。小嬰兒會逐漸運用這些方式以及尖叫、吐東西和大小便，來表達憤怒、痛恨和報復。小孩同時懂得愛與恨，並且接受了這個矛盾。有個最重要的攻擊性和愛結合的例子，是跟咬的強烈慾望有關，這從小嬰兒五個月大起就有意義了，而後會跟吃各種食物的樂趣結合。不過，最初令人興奮的想咬，並且製造咬這個念頭的，還是「母親的身體」這個好東西。因此，食物成爲象徵，代表了母親的，或父親的，或任何親愛的人的身體。

上述這一切是非常複雜的發展，因此小孩需要很多時間，才能掌握攻擊的念頭與興奮，才有辦法控制它們，不至於在恰當的時機（不論是在愛或恨當中），失去攻擊能力。

奧斯卡・王爾德[2]有句名言說：「人人都會殺死自己的最愛。」這句話時時提醒我們，一旦有了愛就免不了會有傷害。育兒時，我們看到小孩有個傾向，就是會愛他們所傷害的東西。傷害是小孩的生活裡面很重要的一部分，問題是：小孩會如何想辦法利用這些攻擊力，來進行生活、愛、遊戲和（最終的）工作的任務？

小嬰兒的摧毀魔法

除此之外，還有一個問題：找出攻擊性的根源，到底有什麼意義？我們在新生兒的發展中看到最初的自然活動，也看到了尖叫，這些或許很愉快，可是它們並沒有累積成清楚的攻擊意義，因爲小嬰兒實際上還沒有整合成一個人。不過，我們想知道，小嬰兒或許很早就摧毀了這個世界，但這到底是怎麼發生的？這一點至關重要，因爲摧毀我們所居住和愛的世界的，可能正是嬰兒期殘餘的「尚未融合的」毀滅性。小嬰兒的魔法是一閉眼睛這世界就被消滅了，但只要再張開眼睛或有新的需求產生，這世界就又會重新被創造出來。但是，毒藥與炸彈帶來的，卻是一個與小嬰兒魔法徹底相反的現實。

絕大部分的小嬰兒在最初階段都得到了良好的照顧，在人格上達成了某個程度的整合，因此不可能製造毫無意義的、大規模突發的毀滅性危險。最重要的預防辦法就是，認清父母在家庭生活中，協助小嬰兒逐步成熟時所扮演的角色；特別是，我們可以學著去評估母親在一開始所扮演的角色，那時小嬰兒跟母親的關係，剛剛從純生理關係轉變成小嬰兒懂得迎合母親的態度，而這份關係也剛剛開始被情感因素所充實而變得複雜。

可是，問題依然存在，也就是我們是否了解這力量的來源？這是人類與生俱來的，也是毀滅性活動和痛苦的自我控制底下所蘊含的根本力量。在這一切背後的是**魔法般的毀滅**。在小嬰兒發展的最初階段，這對小嬰兒來說是不必大驚小怪、很稀鬆平常的事，跟魔法般的創造力並行不悖。對所有東西進行原始或魔法般的毀滅，都跟一個事實有關，那就是（對小嬰兒來說），所有的東西都從「我」的一部分變成「非我」，從主觀的現象變成客觀的感知。這改變通常都隨著小嬰兒的發育產生微妙的變化而漸漸發生，可是母親的照料要是出了問題，改變則是會突然發生，而且是以小嬰兒無法預期的方式。

母親用體貼的方式，帶領小嬰兒通過早期發展這個非常重要的階段，她給小嬰兒時間，讓他慢慢學會各種辦法，來面對他承認魔法控制之外另有個世界存在時所帶來的驚嚇。假如我們給成熟過程一點時間的話，小嬰兒就有辦法變得有毀滅性，也有辦法痛恨、踢人及尖叫，而不必動用魔法去消滅這世界。從這個角度來看，**真正的攻擊性其實是一大成就**。如果我們在心中牢記個人情感發展的整個過程，尤其是最初的階段，那麼跟魔法的毀滅比較起來，攻擊性的念頭和行爲反倒有個正面價值，甚至連恨意也成了文明的象徵。

在本書裡，我嘗試去說明在這些微妙的階段裡，如果我們有夠好的母親的照顧，也有夠好的親子關係，大多數的小嬰兒都會很健康，也有能力把魔法控制和毀滅性擺在一旁，享受內心裡與種種滿足感並存的攻擊性，同時並存的還有充滿體諒的人際關係和內在私密的豐富寶藏所共同構築的童年生活。

譯註

1也可稱為客體。

2奧斯卡·王爾德（Oscar Wilde, 1854～1900）：十九世紀愛爾蘭才子，是著名的劇作家、詩人兼散文家。最著名的代表劇作是《少奶奶的扇子》，最令人懷念的童話是《快樂王子》。他的作品洞悉人性，留下許多警世名言。溫尼考特引的這一句，語出他晚年的詩作〈里丁監獄之歌〉（The Ballad of Reading Gaol），這首膾炙人口的長詩在過去一世紀來曾經五度被譜成歌曲。

附錄
延伸閱讀

《遊戲與現實》（2009），唐諾・溫尼考特（Donald W. Winnicott），心靈工坊。

《二度崩潰的男人：一則精神分析的片斷》（2008），唐諾・溫尼考特（Donald W. Winnicott），心靈工坊。

《塗鴉與夢境》（2007），唐諾・溫尼考特（Donald W. Winnicott），心靈工坊。

《小孩的宇宙》（2006），河合隼雄，天下雜誌。

《哈利波特與神隱少女：進入孩子的內心世界》（2006），山中康裕，心靈工坊。

《兒童分析的故事》（2006），梅蘭妮・克萊恩（Melanie Klein），心靈工坊。

《兒童精神分析》（2005），梅蘭妮・克萊恩（Melanie Klein），心靈工坊。
《溫尼考特：客體關係理論代言人》（2003），麥可・雅各（Michael Jacobs），生命潛能。
《Dr.Spock's 育兒寶典》（2000），班傑明・史巴克，遠流。
《聽，寶寶在說話：0～3歲孩子的心智發展》（2000），安娜特・卡蜜洛芙（Annette Karmiloff-Smith）、琪菈・卡蜜洛芙（Kyra Karmiloff），信誼基金出版社。
《客體關係兒童心理治療實例：皮皮的故事》（2000），唐諾・溫尼考特（Donald W. Winnicott），五南。

破牆而出
【我與自閉症、亞斯伯格症共處的日子】
作者—史帝芬．蕭爾
譯者—丁凡　定價—280元

本書不只是作者的自傳，也呈現了作者對亞斯伯格症和肯納症的了解，以及這些疾患對他的影響，並且他是如何用他的知識來協助其他的泛肯納症患者。

肯納園，一個愛與夢想的故事
作者—財團法人肯納自閉症基金會、瞿欣
定價—280元

肯納園的信念是「他們雖然特殊，但不表示他們沒有幸福的權利！」透過結合教育、醫療、職訓、養護和社福的多元模式，肯納園爲許多家庭播下希望種子。

慢飛天使
【我與舒安的二十年早療歲月】
作者—林美瑗　定價—260元

每個孩子都是天使，雖然有飛不動的，有殘缺的，但痴心父母依然伸出堅定的大手，恆久守候。本書描述一個無法飛翔的天使，與她的痴心守護者的動人故事。

希望陪妳長大
【一個愛滋爸爸的心願】
作者—鄭鴻　定價—180元

這是一位愛滋爸爸，因爲擔心無法陪伴女兒長大，而寫給女兒的書……

我埋在土裡的種子
【一位教師的深情記事】
作者—林翠華　定價—350元

東海岸的國中校園裡，她以文學、詩歌和繪畫，輕輕澆灌孩子的心靈。或許，在某個不經意的時節，將有美麗的花朵迎風盛開……

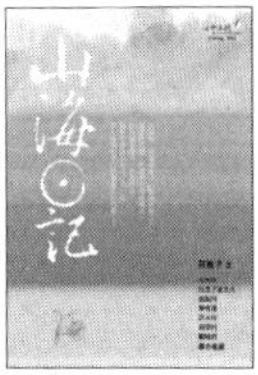

山海日記
作者—黃憲宇　定價—260元

台大心理畢業的替代役男，選擇來到東海岸，當起中輟生的輔導教官。陽光大男孩vs.山海部落的純眞孩子們，翻開書頁你會聽見他們共譜的山海歌聲！

空間就是性別
作者—畢恆達　定價—260元

本書是環境心理學家畢恆達繼《空間就是權力》後推出的新作，是他長年針對台灣性別與空間的觀察，探討人們習以爲常的生活背後，所運行的性別機制。

空間就是權力
作者—畢恆達　定價—320元

空間是身體的延伸、自我認同的象徵，更是社會文化與政治權力的角力場。

親愛的爸媽，我是同志
編著—台灣同志諮詢熱線協會
定價—260元

本書讓父母及子女能有機會看見其他家庭面對同性戀這個課題的生命經驗。或許關於出櫃，每位子女或父母當下仍承受著痛苦與不解，但在閱讀這本書的同時，我們希望彼此都能有多一點體諒與同理心。

揚起彩虹旗
【我的同志運動經驗 1990-2001】
主編—莊慧秋　作者—張娟芬、許佑生等
定價—320元

本書邀請近三十位長期關心、參與同志運動的人士，一起回看曾經努力走過的足跡。這是非常珍貴的一段回憶，也是給下一個十年的同志運動，一份不可不看的備忘錄。

瓦礫中的小樹之歌
【921失依孩子的故事】
編著—兒福聯盟基金會、陳斐翡
贊助—ING安泰人壽　定價—250元

這是兒福聯盟的社工們，在過去六年來，透過定期訪視，陪伴地震後失依孩子們成長的珍貴記錄。在書中，可以看見孩子們的堅強、扶養家庭的辛苦，及年輕社工員們的反省與思索。

染色的青春
【十個色情工作少女的故事】
編著—婦女救援基金會、纓花
定價—200元

本書呈現十位色情工作少女的眞實故事，仔細聆聽，你會發現她們未被呵護的傷痛，對愛濃烈的渴望與需求，透過她們，我們能進一步思索家庭、學校、社會的總總危機與改善之道。

親愛的，怎麼說你才懂

作者—瑪麗安．雷嘉多博士、蘿拉．塔克
譯者—魯宓　定價—260元

爲什麼男人老是記不住，女人總是忘不了？爲什麼女人一心想要溝通，男人卻只要結論？唯有充分理解男女有別的生理差異，我們才能用彼此的語言，讓親愛的另一半聽進心坎裡。

愛他，也要愛自己

【女人必備的七種愛情智慧】

作者—貝芙莉．英格爾
譯者—楊淑智　定價—320元

本書探討女性與異性交往時，如何犧牲自己的主體性，錯失追求成長的機會。作者累積多年從事女性和家庭諮商的經驗，多角度探討問題的根源。

終於學會愛自己

【一位婚姻專家的離婚手記】

作者—王瑞琪　定價—250元

知名的婚姻諮商專家王瑞琪，藉由忠實記錄自己的失婚經驗，讓有同樣經歷的讀者，能藉由她的故事，得到經驗的分享與共鳴。

漫步在海邊

作者—瓊．安德森　定價—260元

獨居鱈角一年間，作者意外邂逅了一位忘年之交——瓊．艾瑞克森。她不僅爲作者困滯的中年生活開啓了重要篇章，更帶領她開拓自我、如實接受生命變化。

與愛對話

作者—伊芙．可索夫斯基．賽菊寇
譯者—陳佳伶　定價—320元

作者以特異的寫作風格——結合對話、詩和治療師的筆記——探索對致命疾病的反應、與男同志友人的親密情誼、性幻想的冒險場域，以及她投入佛教思想的恩典。

太太的歷史

作者—瑪莉蓮．亞隆
譯者—何穎怡　定價—480元

這本西方女性與婚姻的概論史淋漓盡致呈現平凡女性的聲音，作者瑪莉蓮．亞隆博覽古今，記錄婚姻的演化史，讓我們了解其歷經的集體變遷，以及妻子角色的轉變過程，是本旁徵博引但可口易讀的書。

那些動物教我的事

【寵物的療癒力量】

作者—馬提．貝克、德娜麗．摩頓
譯者—廖婉如　定價—380元

美國知名獸醫馬提．貝克醫師以自身患病經驗、周遭的眞實故事及大量科學研究，說明寵物與人類間特殊的情感，是人們對抗疾病與憂鬱的強大利器！

動物生死書

作者—杜白　定價—260元

杜白醫師希望藉由本書幫助讀者，藉由同伴動物這些小眾生的助力，讓我們能穿越老病死苦的迷障，開啓智慧，將善緣化爲成長的助力，爲彼此的生命加分。

陪牠到最後

【動物的臨終關懷】

作者—麗塔．雷諾斯
譯者—廖婉如　定價—260元

愛是永不離棄的許諾。愛我們的動物朋友，就要陪牠到最後！

時間等候區

【醫生與病人的希望之旅】

作者—傑若．古柏曼
譯者—鄧伯宸　定價—320元

當疾病來襲，我們進入異於日常生活的「時間等候區」，這時，活著既是生命的延續，也是死亡的進行。當生命與死亡兩者互爲觀照、刺激與啓發時，讓人以更誠實的態度面對生命。

醫院裡的危機時刻

【醫療與倫理的對話】

作者—李察．詹納
譯者—蔡錚雲、龔卓軍　定價—300元

透過眞實故事，作者細膩生動地描繪了病患、家屬與醫護人員，在面對疾病考驗及醫療決策的倫理難題，藉由不斷的對談與互動，將問題釐清，找出彼此的價值觀與適當的醫療處置。

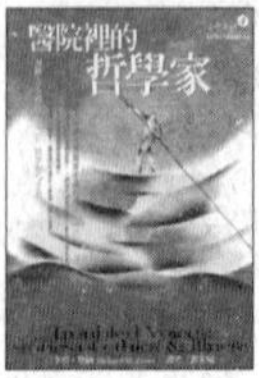

醫院裡的哲學家

作者—李察．詹納
譯者—譚家瑜　定價—260元

作者不僅在書中爲哲學、倫理學、醫學做了最佳詮釋，還帶領讀者親臨醫療現場，實地目睹多位病患必須痛苦面對的醫療難題。

心靈工坊 PsyGarden

生命長河，如夢如風，
猶如一段逆向的歷程
一個掙扎的故事，一種反差的存在，
留下探索的紀錄與軌跡

Caring

德蘭修女
【來作我的光】
編著—布賴恩．克洛迪舒克神父
譯者—駱香潔　定價—420元

德蘭（德蕾莎）修女畢生為赤貧之人奉獻，成為超越宗教的慈悲象徵。然而，她的精神生活與掙扎卻鮮為人知。本書所收集的文件與信件，幫助我們進入德蘭修女的內在生活，深入了解她的聖德。

美麗人生練習本
【通往成功的100堂課】
作者—恰克．史匹桑諾
譯者—吳品瑜　定價—250元

恰克博士認為態度造就人生的方向，心靈則是成功的居所，他提供一百則成功心理術，藉由原理、故事與練習幫助讀者向內尋找成功，打造專屬自己的美麗人生。

幸福企業的十五堂課
作者—恰克．史匹桑諾
譯者—王嘉蘭　定價—280元

知見心理學創始人恰克博士，集結三十五年研究成果與豐富企業諮商經驗，以實用法則與案例，搭配知見心理學的成長配方，逐步分析成功歷程的困境與陷阱。

以愛之名，我願意
【開啟親密關係的五把鑰匙】
作者—大衛．里秋
譯者—廖婉如　定價—350元

本書整理出愛最鮮明的五個面向：關注、接納、欣賞、情意、包容，並帶領讀者藉由本書提供的豐富演習機會，一同來體會：生命就是愛的旅程，而且在愛中我們將變得成熟。

活著，為了什麼？
作者—以馬內利修女
譯者—華宇　定價—220元

法國最受敬重的女性宗教領袖以馬內利修女，以自身將近一世紀的追尋旅程，真誠地告訴我們：幸福的祕密不在物質或精神之中，唯有愛的行動，生命才能完整展現。

遇見100%的愛
作者—約翰．威爾伍德
譯者—雷叔雲　定價—280元

想要遇見100%的愛情，向他人索求只是徒然；完美的愛不在外，而在內。與內在靈性連結，認識到自己值得被愛、生命值得信任，才能真正敞開心，讓愛進來。

貧窮的富裕
作者—以馬內利修女
譯者—華宇　定價—250元

現年95歲的以馬內利修女，是法國最受敬重的女性宗教領袖。她花了一生的時間服務窮人，跟不公義的世界對抗。本書是她從個人親身經驗出發的思考，文字簡單動人卻充滿智慧和力量，澆灌著現代人最深層的心靈。

幸福，從心開始
【活出夢想的十大指南】
作者—栗原英彰、栗原弘美
譯者—詹慕如　定價—250元

每個人內心都有一個指南針，引導我們走向充滿愛、信賴、喜悅及豐足的未來。當我們勇於夢想，有自覺地做出選擇，朝向心中願景前進，幸福的奇蹟就將誕生！

微笑，跟世界說再見
作者—羅倫斯．山姆斯、彼得．巴頓
譯者—詹碧雲　定價—260元

企業家彼得．巴頓，四十五歲退休，預計多陪陪家人、與人分享創業經驗。就在這時，醫生宣佈他罹患癌症。不過他說「幸好我有時間從容準備，好好跟世界道別。」

馴夫講座
【幸福婚姻的七堂課】
作者—栗原弘美
譯者—趙怡、楊奕屏　定價—250元

輔導過上千對夫妻的栗原弘美，結合了知見心理學及親身歷程，為渴望擁有幸福婚姻的讀者撰寫本書。若你願意踏出改變的第一步，就能讓伴侶關係充滿奇蹟！

心靈工坊 PsyGarden
Grow Up 06

給媽媽的貼心書

孩子、家庭和外面的世界

The Child, the Family and the Outside World

作者—唐諾．溫尼考特（Donald W. Winnicott）
譯者—朱恩伶
審閱—王浩威

出版者—心靈工坊文化事業股份有限公司
發行人—王浩威
總編輯—徐嘉俊
執行編輯—朱玉立 校對—周旻君、裘佳慧
通訊地址—10684 台北市大安區信義路四段 53 巷 8 號 2 樓
郵政劃撥—19546215　戶名—心靈工坊文化事業股份有限公司
電話—02）2702-9186　傳真—02）2702-9286
Email—service@psygarden.com.tw　網址—www.psygarden.com.tw

製版・印刷—彩峰造藝印像股份有限公司
總經銷—大和書報圖書股份有限公司
電話—02）8990-2588　傳真—02）2290-1658
通訊地址—248台北縣五股工業區五工五路二號
初版一刷—2009年8月　初版十一刷—2023年12月
ISBN—978-986-678-64-0　定價—360元

The Child, the Family and the Outside World by Donald W. Winnicott

國家圖書館出版品預行編目資料

給媽媽的貼心書：孩子、家庭和外面的世界／唐諾．溫尼考特（Donald W. Winnicott）作；朱恩伶譯. -- 初版. -- 台北市：心靈工坊文化，2009.8
面；公分. --（Grow Up；06）
譯自：The Child, the Family and the Outside World
ISBN-978-986-6782-64-0（平裝）

1. 育兒　2. 親職教育　3. 親子關係

428　98012756

心靈工坊 PsyGarden 書香家族 讀友卡

感謝您購買心靈工坊的叢書，爲了加強對您的服務，請您詳塡本卡，
直接投入郵筒（免貼郵票）或傳眞，我們會珍視您的意見，
並提供您最新的活動訊息，共同以書會友，追求身心靈的創意與成長。

書系編號—GU06　　書名—給媽媽的貼心書：孩子、家庭和外面的世界

姓名　　是否已加入書香家族？ □是 □現在加入

電話 (O)　　(H)　　手機

E-mail　　生日　　年　　月　　日

地址 □□□

服務機構　　職稱

您的性別—□1.女 □2.男 □3.其他

婚姻狀況—□1.未婚 □2.已婚 □3.離婚 □4.不婚 □5.同志 □6.喪偶 □7.分居

請問您如何得知這本書？

□1.書店 □2.報章雜誌 □3.廣播電視 □4.親友推介 □5.心靈工坊書訊
□6.廣告DM □7.心靈工坊網站 □8.其他網路媒體 □9.其他

您購買本書的方式？

□1.書店 □2.劃撥郵購 □3.團體訂購 □4.網路訂購 □5.其他

您對本書的意見？

□ 封面設計　1.須再改進　2.尚可　3.滿意　4.非常滿意
□ 版面編排　1.須再改進　2.尚可　3.滿意　4.非常滿意
□ 內容　1.須再改進　2.尚可　3.滿意　4.非常滿意
□ 文筆／翻譯　1.須再改進　2.尚可　3.滿意　4.非常滿意
□ 價格　1.須再改進　2.尚可　3.滿意　4.非常滿意

您對我們有何建議？

▲您的意見，我們將轉貼在心靈工坊網站上，www.psygarden.com.tw

廣　告　回　信
台北郵政登記證
台北廣字第1143號
免　貼　郵　票

心靈工坊 PsyGarden

10684台北市信義路四段53巷8號2樓

讀者服務組　收

免　貼　郵　票

（對折線）

加入心靈工坊書香家族會員
共享知識的盛宴，成長的喜悅

請寄回這張回函卡（免貼郵票），
您就成爲心靈工坊的書香家族會員，您將可以──

⊙隨時收到新書出版和活動訊息

⊙獲得各項回饋和優惠方案